特种机器人之奥秘

陈晓东　刘进长　主编

上海科学技术出版社

图书在版编目（CIP）数据

特种机器人之奥秘 / 陈晓东，刘进长主编. -- 上海：上海科学技术出版社，2022.9
ISBN 978-7-5478-5735-9

Ⅰ. ①特… Ⅱ. ①陈… ②刘… Ⅲ. ①特种机器人—普及读物 Ⅳ. ①TP242.2-49

中国版本图书馆CIP数据核字(2022)第118295号

特种机器人之奥秘
陈晓东　刘进长　主编

上海世纪出版(集团)有限公司
上 海 科 学 技 术 出 版 社 出版、发行
(上海市闵行区号景路159弄A座9F-10F)
邮政编码201101　www.sstp.cn
上海中华商务联合印刷有限公司印刷
开本 787×1092　1/16　印张 15.75
字数 200千字
2022年9月第1版　2022年9月第1次印刷
ISBN 978-7-5478-5735-9/N·241
定价：98.00元

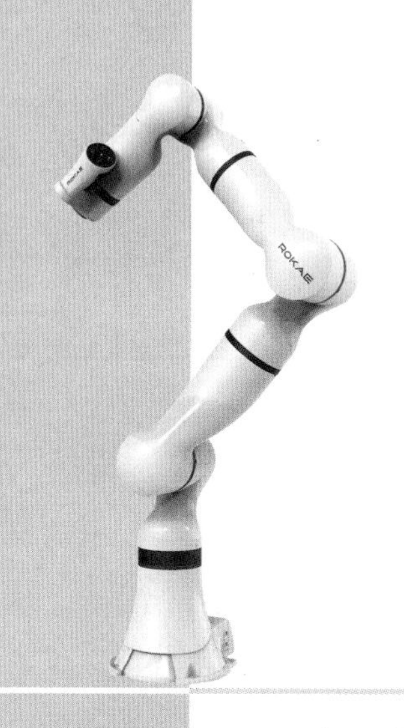

编委会名单

以下按姓氏拼音排序

序
Preface

“机器人”一词诞生于捷克作家卡雷尔·恰佩克在1920年发表的《罗萨姆的万能机器人》科幻剧本。经过一百多年的发展，机器人已经走进千家万户，走入各行各业，走进我们的生产生活，把科幻变成了现实。

在国家“十三五”科技创新成就展上，最引人注目的莫过于特种机器人。“玉兔”奔月、“祝融”探火、“蛟龙”入海、极地探冰、高原巡检，可谓“可上九天揽月，可下五洋捉鳖”，这得益于国家的高度重视和一代代科学家的不懈努力。随着智能互联时代的到来，特种机器人正以更快的步伐进入人类的生活和社会。

特种机器人是践行“四个面向”的重要赛道。面向世界科技前沿，特种机器人引领智能感知、认知、决策等众多前沿技术；面向经济主战场，特种机器人市场逐渐形成，自2016年以来，全球特种机器人产业规模年均增速达17.8%；面向国家重大需求，特种机器人在探月工程、火星探测、深海探索、核工业、军事等重大工程上发挥了举足轻重的作用；面向人民生命健康，特种机器人在公共安全、应急救援、医疗等领域发挥了重要作用，特别是在抗击疫情工作的测温、消杀、巡检、配送等方面做出了突出贡献。

特种机器人是未来发展的重大产业。特种机器人新型产品和新兴场景持续涌现，需求领域不断扩展，市场规模不断扩大。特种机器人在空间及海洋探索、农业、采掘、建筑、交通等领域具有广阔的市场前景；在应对地震、洪涝灾害、极端天气、矿难、火灾、安防等公共安全事件上也有着巨大的潜力；在军事领域，陆、海、空、天所用军事装备都将向智能化方向发展，未来战争将趋于无人战争，军用系列机器人必将成为战场上的重要角色；在民用领域，特种机器人将在医疗康养、智慧社区、家庭服务和娱乐活动中发挥重要作用。

特种机器人是人类的得力助手。目前，在很多危险以及人类难以到达的地方，常常看到特种机器人的身影，它们替代人类在复杂、极限环境中“上岗”，比如消防机器人、排爆机器人、高空作业机器人、水下勘探机器人等，成为人类得力的助手。人工智能、大数据、物联网、

5G/6G、云计算等新一代信息技术的飞速发展和不断成熟，将进一步拓展特种机器人的能力边界，提升特种机器人的安全性、可靠性、时效性，使其更加智能、高端地服务人们的生活。

《特种机器人之奥秘》生动有趣地记录了特种机器人的技术和产业发展，适合我国特种机器人产业从业者、爱好者、初学者和学生阅读。期待本书能让读者全面、系统地认识特种机器人，启发读者在特种机器人的未来发展上共同思考和努力。

刘进长

2022年6月

前 言

Foreword

“机器人”这个词出现至今已一百余年，随着科技的进步和发展，整个社会已经焕然一新。机器人从一开始的想象到困守于工厂，或藏于某个实验室，目前已经全面走向透明和开放。

人们在酒店入住时可以看到“迎宾机器人”接待和“送餐机器人”服务，在餐厅可以看到“炒菜机器人”按程序出菜；无论在中式茶馆还是西式餐厅，都有人热烈讨论满天飞的无人机，称其可以成为取代汽车的空中交通工具；也有人非常自信地说，智能汽车不应叫汽车，应当叫“汽车机器人”。

当人们被眼前一台台真实的机器人所迷惑的同时，还发现机器人已经开始“数字化”并逐渐变成软件、硬件、大数据和互联网的各种服务平台。人们最开始以为机器人只是一个独立的“个体”，后来却发现万物互联的概念不是空穴来风，机器人其实比人类更紧密地与“互联网结对”，单独的运算变成了云计算，个体的特性化行为变成了数据统计的信息源，整个世界都在朝着无边无际的智能机器方向发展。这边联结着今天的人类，那边联结着世界上仍旧笨重的机械和部件。人类与机器人，被互联网以这种不可思议又实实在在的方式融汇胶合在一起，谁也离不开谁。

现在回想起曾经参加与机器人相关活动的情景，还历历在目。

2008年，我受科技部“863”课题之托，与中国科学研究院姜勇、北京航空航天大学梁建宏、哈尔滨工业大学李满天三位博士共赴法国，参加“2008国际智能机器人与系统会议”及“尼斯国际智能机器人展览会”。各个国家参展和交流的大部分还是工业机器人和服务机器人，特种机器人并不多。时隔十年——2018年，与国内机器人行业的几位知名专家，有北京理工大学黄强、清华大学孙富春、哈尔滨工业大学赵杰等，相聚在日本东京机器人大会。2021年9月，在世界机器人大会“特种机器人产业协同发展论坛暨智能装备需求对接会”上，河北工业大学李铁军副校长、上海大学机器人研究所袁建军副所长、北京理工大学智能机器人研究所张伟民副所长等几位教授和公安部第一研究所李剑主任等专家，以及中信重工开诚机器人、浙江机器人产业集团等企业代表，纷纷参加了“论坛”并做主题报告。

以这三次活动的专家为基础，与北京理工大学一位在读机器人方向博士，以及从美国、英国学习回来的三位机器人相关专业研究生，一起畅想交流未来机器人的发展。

A简介：2016年在中国科学技术大学读硕，专攻图像识别方向；

2019年在北京理工大学读博，专攻机器人控制方向，主要研究机器人的平衡控制、双足机器人行走或跳跃方向。

B简介：本科就读北京理工大学；硕士就读美国加州大学圣地亚哥分校计算机与电信学院，专攻信号处理；毕业后在中国科学院微电子所工作，主要从事软件设计开发及硬件相关的调试。

C简介：本科就读UCSD计算机专业；2019年毕业后去康奈尔读数据分析研究生，研究生期间主要研究方向是深度学习和时序数据的算法，现在准备在清华软件学院读博士学位，具体方向为计算机视觉。

D简介：本科就读英国曼彻斯特大学机械工程专业；硕士就读帝国理工医疗机器人专业，主攻3D打印制作机器人零部件方向，主要针对单孔手术研究领域。

主持人：畅想一下机器人50年后能发展到什么程度，围绕自己所学的三维激光雷达、深度学习、3D打印等，未来机器人能替代人做什么事，从各个领域展开畅想。

D：我看到了一个很有趣的话题。最近马斯克在搞火星移民的计划，我先简单介绍下，马斯克做了很多，像特斯拉汽车、SpaceX的火箭自动回收、类似悬浮列车的快速运输通道。后者是密闭的环境，像管子一样，里面有车。感觉在为火星移民做布局，有的是为了筹资金，有的是为了技术需要，但是火星环境非常恶劣，开始肯定需要有一批人来改善当地的环境，比如可能要改善大气的成分，适宜人类居住才行，这些事用机器人来干就比较合适，最开始火星探测也是那种探测车上去探测，我觉得这个是一个很有意思的点。

对于医疗机器人来说，国内有需要突破的难点。首先，专利的屏障，比如国外最有名的达芬奇手术机器人公司就有很多医疗机器人相关的专利，而这些专利对于国内的企业来说是个很大的挑战；其次，手术机器人最大的一个问题就是很贵，手术机器人的造价很高，对安全性的要求也很高，每次做手术花费很高，一个简单的微创手术，可能得花10万~20万人民币，但是机器人能提高手术成功率。

C：机器人或者说人工智能是超越人类的。在很多时候让人工智能或者机器人代替人类去做一些工作，实际上我觉得很多领域里面人类是不可替代的。最简单的例子，比如王者荣耀出了一个人工智能叫觉悟，它比大部分人都厉害，很多人会利用这个来训练自己，很多时候可以把机器人当成一个训练的物体。

B：我觉得未来机器人可以应用在残疾人身上，研发一些算法或者一些结构，帮助残疾人更好地生活。比如，之前看过一部电影，主人公在车祸以后全身瘫痪了，给他植入芯片，他的大脑可以操控他的身体去运动，我觉得这是一个很好的方向。

A：国际象棋自从人工智能打败人类棋手之后，就有人和人工智能来挑战另一个人和另一个人工智能。现在的围棋也出现了一个类似这样的情况。可能人工智能会解决一些人类思路的盲点，会让你的思考更加全面或者思考更加深入，所以人和人工智能不一定是一种对立的关系，可能会变成一种协作关系。

A：最近学术上比较火的是机器人认知神经，比如看到电脑就知道这是电脑，或者看到电脑一角，就会判断出这可能是电脑，或者看到一个大概的形状，就猜测出这个大概形状是什么东西，或者再做出一个逻辑推理，比如看到电脑，就会想到可能身处机房。对现在的机器人来讲，是远远达不到这些要求的，说白了只能执行我们规定好的动作，或者在设计的模型之下工作。想让机器人拥有自主的判断和想法，目前还很难做到。

C：我能想到一个能够改善机器人认知的方法，单独训练一个机器人去识别所有的东西，或者做出逻辑判断。可以把所有机器人放到一个系统里面，然后用物联网的方式让它们的信息交互共享，比如说扫大街机器人和无人车，都在一个系统里面，就不需要考虑躲避前面的无人车或旁边的扫大街机器人，只需要识别一下有没有路人就可以了。训练难度和成本都会显著降低，也就是说把所有的机器人当成一个整体，有一个完整的物联网，相当于完全共享信息，建立一个中央处理系统，而不是把每个机器人当成一个完全独立的个体。机器人和机器人之间是有联系的。

D：假如两个大国在博弈，A国有很强的机器人技术，B国没法短期内超过A国，但是可以对A国的机器人系统进行攻击，把A国的机器人变成自己的机器人，感觉也是一个很有意思的话题。你创造了机器人，如果不能保证这个机器人只归你控制，可能会被其他人利用。另外，机器人的大趋势主要分两个大类：一个是用机器人来工作的性价比更高，选择用机器人代替人工；还有一个就是用机器人干风险比较大的工作。比如在恶劣的环境中让机器人来干活，能抗高温。再比如，在酿酒的酒厂里，环境很恶劣，酒瓶子好多都是经过特殊工艺处理的，温度很高，像这种环境，机器人要是能加入其中，就避免了很多不安全的因素，对人生活质量提高是一种保障。

A：现在做的是类人型的机器人，关节都是用电来启动，机器人有两种控制或者两种类型的关节：一种是液压的关节，一种是电控的关节。电控的关节一般用位置控制，也就是说会指定到某些位置，然后进行一些动作，比如走路，可能就会把走路的过程分为脚的不同位置，然后通过脚经过这些位置实现走路的过程。国外实现行走的项目主要是液压系统，它通过一系列变化使机器人完成走这个动作，双足机器人面临的主要问题是只能在平地上行走。

D：我们觉得有前景的一个方向是医疗影像，影像识别相当于机器视觉用到了医疗方面。在机器人手术中，有些手术不需要太多动作，比如缝针、微创等；但是若涉及切肿瘤，它对机器视觉的识别准确率要求非常高，需要准确识别肿瘤的大小、边缘、切除是否完整等。

B：我们做的激光雷达可以做三维成像建模，但精度不是很高，现在一般在测绘和安保的项目上，到医疗上还需要些时间。

A：未来将是机器人全面普及的时代。在街上、在工厂里、在高空塔架等危险领域都将遍布形形色色机器人的身影。未来的机器人和现在看到的机器人会有什么不同？首先是机器人的大脑不同。为了能够更好地完成多机实时交互，更方便维护和更加节能，将来的单个机器人处理器只会保留基本的运动、避障等功能，基于视觉、听觉甚至触觉的环境识别、逻辑推断和多机协同等高级功能将极大可能由统一的云处理器完成。也就是说机器人的大脑会像黑客帝国电影中的那样，由一台超级计算机统一控制。其次，机器人的运动系统将会摆脱现有合金材质的电机液压等系统限制，转而由高科技仿生肌肉、关节等组成。这将会大大提高机器人的工作时长，使得机器人动力更加充沛，能够完成更多任务。还有，机器人的信息交互将会基于更进一步的全球覆盖通信系统，能够广泛地利用声波、光波等形式使得网络广泛覆盖深海和高空。将来的整个地球都将会由互联网所包围，世界将不受地形、天气和海拔影响真正合而为一。

C：人工智能未来的一个大趋势是不同人工智能的集群和系统化，比较有代表性的就是无人车。当人们自己开车的时候，因为每个人的速度、开车习惯、注意力不同，导致整个交通系统效率很低（比如等红绿灯的时候肯定是前车移动后后车才能开始移动，高速路因为前车行车缓慢导致后车缓慢），而且容易引发事故（人们不能完全预测其他车的行为）。如果交通系统里同时存在无人车和人为驾驶车辆，以上两个问题依然难以解决。当道路上只有无人车而且属于同一个系统的时候，无人车可以相互感知对方的存在和行径路线，从而可以在保持最大限速行驶的同时完全避免潜在的交通事故。

除此之外，无人车可能不再是单纯地作为一个交通工具，而是一个可以交流互动的“机器人”。随着自然语言处理（NLP）的迅速发展，车主可以在车内和车沟通，同时无人车也可以学习到车主的说话习惯和喜好从而更好地服务车主。最后，无人车和机器人的结合可以让无人车帮助车主做很多事情，比如自动运送一些文件和物品，甚至可以在赛道上让车主体验自动赛车。

D：未来，人类的“永生梦”或许能寄希望于机器人技术。从古代秦始皇寻“长生不老药”，到现代各国科学家研究干细胞，人类一直在寻找各种延长寿命的方式，希望能不受肉体寿命局限，以独立的自我意识一直存在。而实际上，未来机器人如果能作为一个高适配度的载体来连接人类的大脑，这个梦想将不再会是不可实现的天方夜谭。正如著名数学家笛卡尔所说：“我思故我在。”大脑是人类作为独立思考个体的灵魂。在保留大脑及其神经系统的基础上，未来机器人可以用其他人造器官、肌肉、血管一起配合传感器来为神经系统服务。通过机器人代替肉体这种方式，大部分现代医学里不可逆、致死率高的病症都可以从根源上避免，比如各种器官衰竭、癌症和慢性病，甚至还能不再需要靠细胞分裂来维持器官健康，从而突破目前人类寿命的极限。总而言之，这种理想型机器人可以帮助人类以可修复的物理形态来维持精神思考。

要想实现这种“永生”机器人，在技术方面需要突破四个重要阶段。第一阶段，人类需要拥有制造各类适配的人造器官、四肢、循环系统以及其他零件的技术条件。第二阶段，需要拥有将人类神经系统与整个人造机器人同步的技术，并保证这种同步能够完成精准度、安全系数高的控制。第三阶段，应该针对人类大脑的痴呆以及寿命问题展开研究，最好能将大脑集成到芯片里，进一步延长人类大脑的使用寿命，实现更高层面的人机交互控制。第四阶段，摒弃一切物理形态的机器人，将人类以最理想的“虚拟人”形态投放到元宇宙中。

B：我认为机器人可以成为人类文明的火种。在若干年后的未来人类社会，为了高速发展，人类对地球环境造成了不可逆的破坏，生态环境岌岌可危，极端天气和自然灾害已无法阻止，物种灭绝已成定局。人类预示到了这一天，决定靠机器人实现物种的重生。一开始，只由主人工智能持续监视地球的环境状况。在所有污染源消失、物种大部分都灭绝后，全球各地的机器工厂开始生产一系列仿生动物机器人。这些工厂也会执行维护的工作。各种仿生机器人具有不同的净化环境能力，有可消耗温室气体的，有可加速降解垃圾的，也有净化水源的，等等。针对人类对地球造成的污染和破坏进行彻底的修复，在一片死寂的地球上形成“机械生态圈”。等地球环境慢慢重新变得适合人类居住了，机器人把培养后的动植物胚胎放回生态圈，并随着动植物数量的增加，回收仿生机器人。随着环境逐渐恢复，主人工智能把储存下来的人类胚胎激活，开始培养新一批的人类，并传授知识和文化，最终等人类社会稳定后，完成使命，进入休眠状态，等待人类更新和下一次循环。

以上这些畅想和对话，每天都在社会上发生。他们的话可能无法引起所有人的沉思，只能偶尔给生活带来一些涟漪。但恰恰是这些小小的涟漪，正是社会大变革和社会大风暴的前奏。如果有人不停地思考着人类未来的命运，无论是在硬件上，还是在软件上，或许，他们思考和憧憬的“冲突和美好”，今天都已经在地球上真实地、频繁地发生了。

现在回想，从中国机器人专家到世界各地身临其境地参观，到用新的方式线上畅想讨论整个中国机器人产业，都会有一些“新的感受”。我们正在全面进入智能机器人时代。很多普通公众都有感觉，在日常生活中，到处都有“机器人出没”，特别是一些“需要特殊服务”的场景。

揭开这些特种机器人的奥秘，也由这些爱思考的人类的“思考”开始，一步一步，将会推向现实。

陈晓东

2022年6月

SECURITY

目　录
CONTENTS

Chapter 03 第三章　特种机器人的特别作业能力

Chapter 04 第四章　与人密接的机器人怎样实施特别服务

第一章　百年科幻机器人成为特别生产力

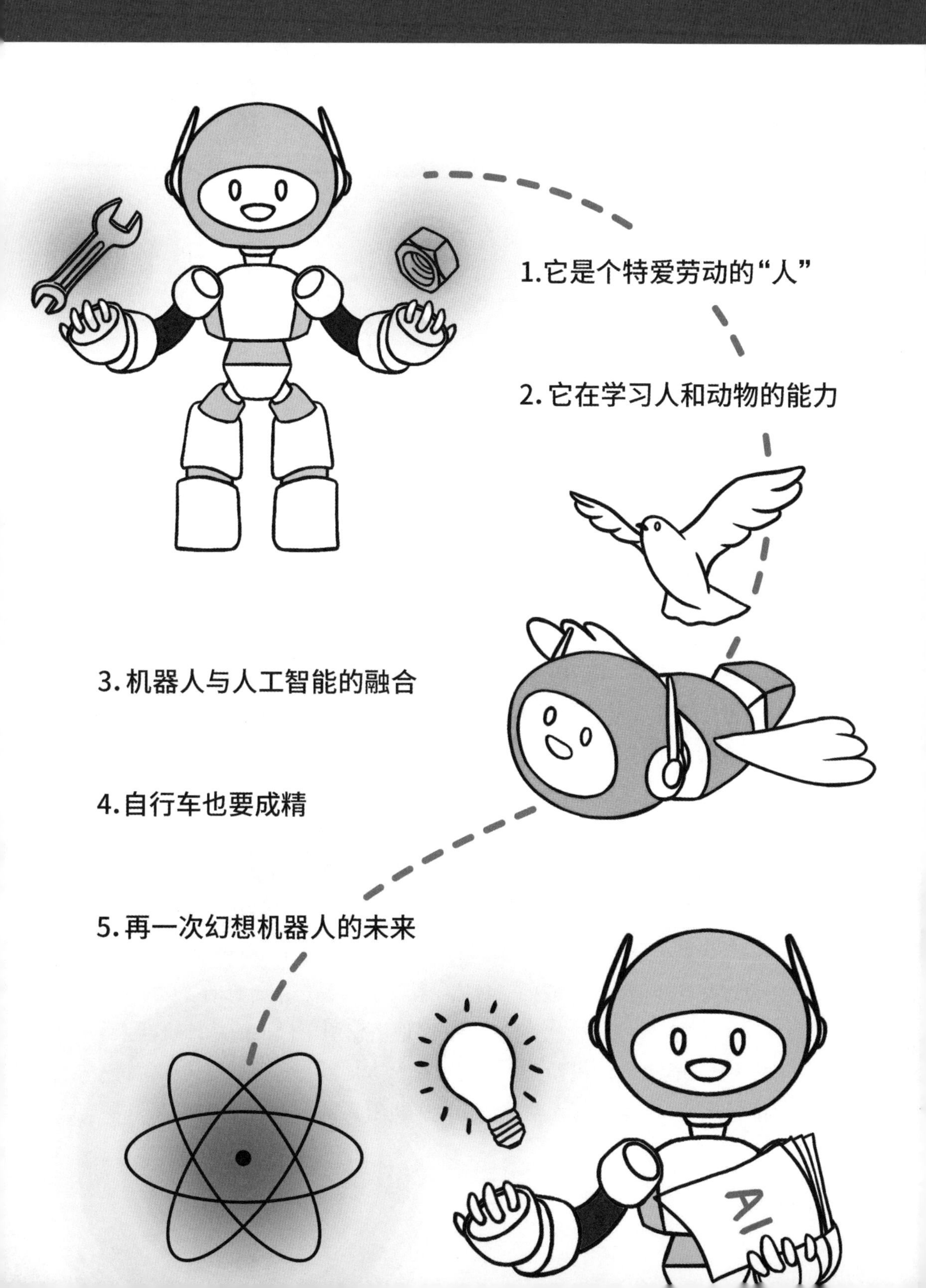

它是个特爱劳动的“人”

1920年，“机器人”这个文学兼科幻的词汇诞生，之后很长时间内，机器人只是文学家和科幻作家想象中的“社会角色”。因为它在现实中不存在，人们甚至认为它不可能存在，所以人们尽情地放纵想象力，希望它能够做任何人类做不了、做不好、不想做的事情。

在当时人们的想象中，机器人本来就只是“奴隶”的意思，人们希望机器人能够成为可随意役使的“劳工”，没有自主性，没有精神生活，没有情绪，没有情感，只是没日没夜地替人劳动，帮人类解决各种各样的特殊问题。

一百年过去了，机器人广泛应用于各个行业，从事着各种各样特别又特殊的工作。这归功于无数工程师和科学家不知疲倦地创造、改进、推广，并在某些情况下重新定义了机器人所需要具备的特别技术；也归功于各行各业愿意拿自己当“小白”，供这些具有特殊才能的机器人测试它们的能力和水平；更要归功于无数的“机器人”接受人类设计的程序和指令，有“秩序地”进入社会，帮助人类解决非常多特别需要解决的难题，给人类提供周到的服务，加快了人类社会的进步与繁荣。

今天的机器人已经不再像一百年前有那么多的“奥秘”，它的很多原理都已经很清楚，它的“身体结构”很容易解剖，它的“功能特点”也很容易讲明白。它一次又一次地由仅用于做工的特殊机器人“进化”成为普通的机器人。无论从哪个方面看，它仍旧是“非常特别的机器”。人类的探索精神无止境，机器人的未来也不可限量，机器人更多的“奥秘”还会不断产生。

一百多年来，机器人如何从想象变成现实？哪些人参与了机器人的发明创造？他们通过哪些具体的手段让机器人“由文学变成技术”“由幻想变成现实”“由特殊变成普通”？

现在世界上通行的机器人英文名字Robot，源于捷克语Robota，意思是“奴隶劳动”。当时，在1920年捷克剧作家卡雷尔·恰佩克的戏剧作品《罗萨姆的万能机器人》之中，这个词第一次出现。从此，这个词汇饱含着生命张力，变得家喻户晓。一开始，人们印象中的机器人并非现实的物体，它们要么是出现在科幻文学作品中的角色，要么是出现在玩具商店中的卡通形象。20世纪50年代，约瑟夫·恩格尔伯格与他的合作伙伴乔治·德沃尔一起，设计发明了世界上第一台工业机器人“尤尼梅特”（也有人叫它“尤尼”）。有了尤尼，世界上才算有了第一个真正的机器人。恩格尔伯格作为世界上第一台工业机器人的设计者和世界上第一家机器人企业的联合开创者，被世人尊称为“机器人之父”。“机器人”不是人，只是为了方便讲述一个故事、描述一个场景而采用的“拟人化、形象化”的比喻。机器人不可能也没必要与人一样具有全然的各种综合能力，更未必需要拥有情感和灵性。因此，所有的机器人到今天为止都是从事特种工作的机器，都只具备一两个比较突出的优势，只是人类把它们的优势极化、特化、锐化之后，可以完成很多人类根本不可能完成的特殊任务，进入很多人类肉身根本不可能进入的特别场景。

机器人系统通常包括机器人本体、操控终端、通信链路、管控平台等多部分。特种机器人集环境感知、路径规划、动态决策、行为控制、信息传送、应急处置等功能于一体，可以协助特定人员完成特殊任务的智能化装备，可分为军用、警用、应急救援、特殊民用等多个领域。

如果我们参观一家企业，企业负责人会很自豪地说他们的生产线已经全面智能化了，车间里每天都是“机器人”在工作。流水线上此前需要成百上千名员工，如今只需要一两名员工。这些“工业特种机器人”不仅速度快、能力强、业务精准、情绪稳定，而且它们把人的某些功能发挥到了极致。正是这些功能的发挥，极大地降低了生产成本，提高了生产力，提升了产品的质量；甚至降低了污染，帮助实现“碳中和”，保障了企业和社会的可持续发展。

其实，很多“机器人”只是单一地、强烈地表达了人类或动物某个器官的某个功能，并把这个功能极致化、强大化。比如一家工厂，需要的只是人的“一双手”，那么，这家工厂只需要安装一台比人类的双手还要灵巧、精细、耐用的“机器手”，就可完成其生产目标。有些工厂，需要的只是人类的一双“眼睛”，那么，这家工厂如果能购买一台一秒钟能看成百甚至上万张“图片”并发现其瑕疵的“机器眼睛”，它当然完全可以取代成百上千双工人的眼睛。

不管是擅长看的“机器眼睛”，还是擅长用手精细化操作的“机器手”，它们都需要后面有“大脑”来帮助引导和控制，需要有程序来交流和沟通。从这个意义来说，所有机器人本质上都是一台“计算机”，必须有像人类大脑一样起运算和决策作用的“中央处理器”。它要能够随时编辑新的程序，能够实时监控和发出指令；它还要具备社交或者说通信信息交换能力，这样才可能与其他计算机、人工智能设备实现自由而畅通的交流，把信息和决策输送到其他有需要的地方。

人们当然希望机器人能够“说话”，为此给它配备了语音语义系统，极力希望他们能够用“人类一般自然的语言交流”。人类还希望机器人能够倾听，所以也给它安装了各种“声音传感器”，帮助它感知各种各样的声音波段。

人们甚至希望机器人具备人类特有的情感和情绪，所以很多影视作品中都会有机器人与人产生感情而难分难舍的相关剧情——当然，这可能是机器人最难实现的“功能”之一了。

人们最希望机器人具备的是自主学习能力，人类最不担忧的是机器人具备情绪和情感。因为，当机器人的速度、存储、耐性、反应等方面的功能已经远比人类强大的时候，人类总觉得自己还有两点比机器人强：一是终身学习的能力；二是人类有文学和情感能力。不过，残酷的事实证明，人类的自主学习力已经比不上机器人；文学情感力也可能在未来不占优势，机器人正呈现出不可思议的超越人类的情感和灵性。

从某种程度上说，整个地球的人类都面临一个危机：我们正在被自己所发明的“劳动奴隶”打败，越来越多的工作在不远的将来可能被机器人所替代。

有人经常追问“机器人”与“人工智能”的区别是什么。在我们看来，它们其实只是不同时代的不同概念呈现，本质上都一样，或者终将一样。机器人作为硬件角度的描述，从一开始就需要人工智能、软件等协同和辅助。而人工智能作为软件或者“思想力”角度的描述，无论基建在哪个硬件平台上，都会呈现出机器人的“外观”。二者是相辅相成、缺一不可的。无论互联网平台上的“软件机器人”发展得多么迅速，都需要机器人外部智能设备的支撑；而机器人强大的一个最重要因素就是互相之间无缝的联网以及无所不在的链接，无时不奔腾着的“大数据云计算”。

它在学习人和动物的能力

尽管经过了一百多年的发展和替代，日益加速发展的机器人呈现出了人类难以想象的势态，但“机器人”终究是人类设计出来的，为满足人类的需求而存在。从这个角度来说，当前的机器人仍旧有很多方面有意无意地模仿人的特征，或者模仿自然界各种各样动植物的特征和能力。这是受人类自身思维局限所控制的，也是受人类需求逻辑性所掌握的。因为，人类如此卖力地研发机器人，本质上还是与一百年前文学创意的“初衷不变”，就是希望找到比人类更能干活的一种“特殊人”。

一是模仿眼睛。人类眼睛能“看到”的区域非常少。机器人眼睛“看到”的区域不仅比人类多，而且速度快。因此，人类希望有特殊的“眼睛机器人”，或称为“视觉机器人”。

二是模仿鼻子。人类鼻子能辨别气味。机器人“鼻子”能对所处环境中产生的各种气味进行辨别和确认。因此，人类希望能够有嗅觉特灵的特殊“鼻子机器人”或称为“嗅觉机器人”，为人类快速敏捷地提供辨别气味的服务。

三是模仿耳朵。人类耳朵能聆听。机器人“耳朵”能把环境中捕捉到的各种各样的“频率”转化为声音，并对其进行分析和传递。因此，世界上就出现了专门完成特殊侦听任务的“耳朵机器人”或称为“听觉机器人”。

四是模仿肌肉和神经。人类有肌肉和神经。机器人为了完成那些特殊而且极为困难的任务，也需要“肌肉”。“肌肉”的来源很多，组成肌肉的材料更是千差万别。有的需要刚硬，就用钢铁做成；有的需要柔软，就用既柔软又能够把电机、线路融合上去的材料；有的要求非常粗壮，有的要求非常纤细，这就需要依托已有材料的同时，引导科研人员去研发更多的新型材料。

有些“机器人”以生物神经系统作为信息接口，对生物体、设备、环境三者进行闭环信息融合，达到对生命体某些生理功能的补偿、增强或拓展需求。如果融合得好，它有可能让中风、瘫痪患者靠大脑意识控制身体运动，使患者重新燃起生命的希望。这样的“肌肉”已经是仿生型的肌肉了。

开发机器人的终极目的是集成。自古以来，人类除了希望增强自身器官的功能，保障持续的强大和健康之外，还希望模仿自然界各种各样的生物。因为有些生物的某些能力实在比人类出色太多。比如，人类一直幻想长有一双翅膀，模仿大自然神奇生物的“蝙蝠机器人”“蜻蜓机器人”就有可能帮助人类实现这个梦想。

市面上出现了不少仿生机器人。它们具有模拟动物的“仿生器官”，比如眼睛、耳朵、上肢、下肢等；或具有某些动物独有的特性和优势，比如“袋鼠机器人”，能够模拟袋鼠独特的运动特征，即在跳跃中恢复能量并有效存储用于下一次跳跃；“蚂蚁机器人”能够协同工作，类似于真实蚂蚁在一起共同完成一个任务。“狼蛛机器人”采用3D打印部件组装而成，能够模拟狼蛛运动。它的身体上安装着26个不同电动机，每条腿上安装3个，腹部安装2个，同时还配备了相应的芯片。这样，它就有可能像狼蛛那样“思考和行动”了。人类有一个非常明确的需求，就是希望研发、创造的物品能够忠诚地为人类服务。因此，科学家、企业家和社会公众现在最喜欢讨论的危机是：假如机器人背叛人类，不听主人的指令，甚至反过来伤害主人，人类该怎么办？人类还有办法研发出一种控制机器人的特殊机器人吗？

机器人第零定律：机器人必须保护人类的整体利益不受伤害。第一定律：机器人不得伤害人类个体，或者目睹人类个体将遭受危险而袖手不管，除非这违反了机器人第零定律。第二定律：机器人必须服从人给予它的命令，当该命令与第零定律或者第一定律冲突时例外。第三定律：机器人在不违反第零定律、第一定律、第二定律的情况下要尽可能保护自己的生存。

目前，世界上出现了一项特殊的竞赛，即机器人足球比赛。各国都努力设计出最强大的机器足球运动员，让它们像正式运动员那样穿上比赛的外衣，在绿茵场上奔跑、传球、射门、防守。如果有一天，一个从外形上完全看不出区别的“足球运动员”顶替真人上场踢球，足球场可能需要增加一道安检措施，检测运动员到底是真人还是机器人。

3 机器人与人工智能的融合

机器人日益软件化、电子化、智能化，或者说机器人已经与人工智能日益一体化了。人们已经很难分清什么是机器人，什么是人工智能，什么是联网机器人，什么是独立机器人。

1956年7月13日，美国新罕布什尔州汉诺威市达特茅斯学院举办了一场极其重大、影响深远的会议。大会上，“人工智能”（artificial intelligence, AI）的概念被首次提出，“精确地描述人的学习能力和智慧，并利用机器将这种能力与智慧加以模拟”的发展方向也由此会之后日益普及。

世界是耦合的，单一的技术或许无法独立发展，但当各种相关的或者貌似完全不相关的技术互相联结与互动时，社会群体效应就会产生奇妙的物理、化学、生物反应。

在中国工程院院士潘云鹤看来，“AI是机器人的核心，机器人是人工智能的载体”。大数据的成熟应用为AI的发展提供了强有力的支撑。科学家的使命之一就是帮助AI更完善地模拟人的意识和思维，并通过学习、推理、规划、感知来处理任务，从而孕育出实体的智慧结晶——机器人。

2017年，国务院发布了《新一代人工智能发展规划》。这标志着中国AI研究已成功迈过1.0阶段，目标从“让计算机变得更聪明”转变到“让系统变得更聪明”。这方面大家印象最深的可以说是下棋。现在任何一种棋类，计算机都可以完美地和人类对弈，甚至胜过我们，但只是这样已经远远不够了。

计算机已经不再是一台计算机，整个地球也不再是信息孤岛的联合体，而是日益融合为一个系统、一个整体。为此，2015年中国工程院提出，要进行一项重大的战略课题研究，叫人工智能2.0。人工智能1.0研究的是让计算机模拟一个人的智能行为。而现在，人类要解决的是智能城市、智能医疗、智能制造等问题。这不是模拟一个人的智能行为可以解决的，而是模拟用网络互联的一群人和一群机器的智能，研究此类复杂巨系统的智能化运行的规律。

以前人们对焦的是一台计算机的“智能模拟”，现在面对的是互联网、移动计算、超级计算、穿戴设备、物联网等构成的一个复杂信息大系统。要继续推进人工智能发展，就要充分利用这样的新信息环境。

经过几十年的演化，科学家已经发现，计算机在某些方面比人聪明，但很多方面还不如人。因为一个是硅片大脑，一个是生物大脑，用硅片来模拟脑细胞的工作原理是不可能100%完成的。人有人的长处，机器有机器的长处。人工智能2.0需要把各自的长处结合在一起，形成一个更聪明的智能系统。潘云鹤院士指出，人工智能走向新一代，有五个方向：一是基于大数据的深度学习与知识图谱等多重技术相结合的研究；二是基于网络的群体智能研究；三是人机融合增强智能；四是跨媒体智能发展探索；五是自主智能装备发展。这五个方面，与同样迅猛发展的机器人产业、5G、工业互联网、区块链、混合现实、消费互联网等结合在一起，可能成为实体经济和虚拟经济变革的核心驱动力。它将催生更多新技术、新产品、新业态、新产业、新区域的生成，使生产生活走向智能化，供需匹配趋于优化，专业分工更加生态化。

4 自行车也要成精

著名机器人专家甘中学博士在第七届中国机器人峰会上表示，未来十年，下一代互联网可能是基于5G、6G的“三元全息智联网”。他预测，“三元全息智联网”就是由人、机、物这三元在网络连接下，形成一个智慧的网络。在三元全息智联网中，最底层是以“泛在智能机器人”组成的自主智能物理网络，中间是由虚拟的网络机器人组成的巨大群智空间，最上层是由人脑、机器脑和智能物体组成的群智智能。这意味着“机器换人”时代进入“机器变人”时代。如果说此前的机器人更多实现了“机器换人”的功能，而“机器变人”则意味着机器与人完全融为一体。

甘中学博士发出“机器变人”预测的同时，彭志辉在B站平台上秀出了自己“纯手工打造”的“自动驾驶自行车”。彭志辉自幼喜欢拆解和组装各种电子设备。他从电子科技大学毕业后，被华为纳入“天才少年计划”，有一天他骑自行车不小心摔破了脸。他想：不能这么放过自行车，必须造一辆“不会摔”的自行车。

经过4个月研究，2021年6月，彭志辉在网上公开了他“创造”的名叫“轩”的自行车所有设计制造组装细节，并把相关软件和参数全部“开源”，其他人可以随意使用。“轩”的诞生一共分为三大步骤：首先是硬件改造，因为自行车是一个欠驱动系统，所以先要做的就是让它站稳，然后跑起来；其次是智能化，这一步主要是搭载一整套传感器组成的感知网络，以及一个算力足够强大的计算芯片做大脑；三是在上述硬件基础上，研发一套感知和控制算法，给硬件

“注入灵魂”。想让自行车能自动跑起来，甚至能认路，下一步就是上“脑子”。跟人类相似，机器人也分“大脑”和“小脑”。简单来说，小脑用来控制实时行动；大脑负责算力、感知和决策。彭志辉给自行车用的“小脑”是一种低成本、低功耗的单片机控制器ESP32，集成Wi-Fi和双模蓝牙，搭建了RPC通信框架，用来实现传感器的数据处理以及电机的控制算法；“大脑”则是昇腾310。在深度相机、激光雷达等传感器的帮助下，这辆自行车能够检测出周围的物体，实现避障和跟随；还能够机智地识别地形，给自己规划路径。除此之外，这辆“成精”的自行车不仅要有头脑，还得有一颗强劲的“心脏”来驱动它工作。“轩”的“心脏”来自彭志辉的另一个项目，名叫“Ctrl-FOC矢量控制驱动器”。有了以上这些，把整辆自行车涉及的50多个参数调整到位，一辆人力驱动自行车就升级成了自动驾驶自行车。

彭志辉的这个设计和创作冲动其实还有另外一个动力源头，那就是清华大学有一辆“成精的自行车”。2019年9月5日，清华大学新学期刚刚开学，一辆“成精的自行车”被中央电视台“经济半小时”节目采访后，迅速在各网络平台爆红。在央视播放的视频中，人们清楚地看到这辆“成精的自行车”在无人骑行的状态下可以识别语音指令，或直行或转弯，可以跨越障碍、追踪目标，速度可快可慢。这辆自行车出产于清华大学精密仪器系，是该系“类脑计算研究中心”施路平教授、裴京副研究员等团队成员一起研发的。这辆自行车看起来虽然很小，但它具备语音识别、目标探测追踪的功能，实际上是一个五脏俱全的小型类脑计算平台。这个平台依托的是新型人工智能芯片——第二代“天机芯”。有了天机芯，这辆自行车就有了大脑。

5 再一次幻想机器人的未来

目前为止，人工智能芯片发展有两大主流方向：要么支持人工神经网络深度学习加速器；要么支持脉冲神经网络的类脑芯片。由于算法和模型的差别，当前人工智能芯片只能分别支持人工神经网络或者脉冲神经网络，难以发挥计算机和神经科学两个领域的交叉优势。受此影响，世界上发展人工通用智能的方法主要是两种：一是以神经科学为基础，尽量模拟人类大脑；二是以计算机科学为导向，让计算机更快更强更接近人类。二者各有优缺点。比如谷歌的“阿尔法狗”，它能够战胜顶级棋手，却没法做阅读理解题。施路平团队的做法是把二者的优点融合，努力避免缺点，全方位进行研究。清华大学类脑研究中心的这项成果目前处于世界前列。清华大学组建的“类脑计算研究中心”将脑科学、计算机、微电子、电子、精仪、自动化、材料等学科的专家聚集在一起，共同攻克“天机芯”难题。

第二代天机芯拥有4万个神经元、1 000万个突触，而人脑有870亿个神经元。要想让芯片达到人脑的效果，它的神经元要增加2 000万倍，突触要增加1万倍。只有这样，“天机芯”才能逐渐向人脑逼近，给人工智能应用提供无限可能。“天机芯”安装在类似计算机内存条的物体上，每个芯片有数万个借鉴人脑神经系统的数据。别看它只有人的指甲大小，但是为了实现人脑神经系统与计算机高效算法合二为一，小小的类脑芯片涵盖信息、生物、物理、数学、材料、微电子、医学等多个学科领域。“成精的自行车”出生并不是一帆风顺的，每个环节和步骤都要进行近万次数据和信息采集。在清华大学类脑研究中心，36台摄像机全天都在记录着天机芯采集的数据，然后输送到天机类脑计算机进行分析。

类脑芯片的研发并不单单是为了一款无人驾驶的自行车，自行车只是一个体现类脑芯片功能的载体。未来，拥有人工智能芯片的物品将不再是纯粹的工具，而是一款懂你心意、学你思维、模拟你大脑的机器人！

第二章　特种机器人的“眼耳鼻舌身意”

1. 它不是把人类器官特化后再组装

2. 它们都是完成任务的工作机器人

3. 机器人与人的感觉如何互相传达

4. 特种机器人的眼睛怎么看

5. 特种机器人的耳朵如何听

6. 特种机器人的鼻子如何闻

7. 特种机器人如何在地上走

8. 特种机器人怎样说话

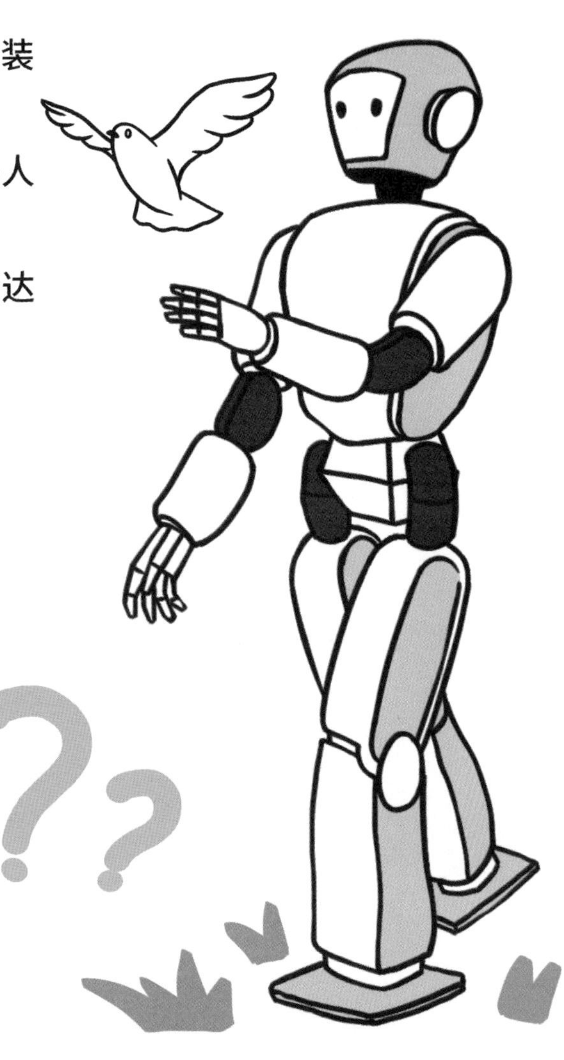

9. 特种机器人怎样思考

10. 机器人受仿生学哪些启发

11. 机器人与人能否自由组合

12. 人与机器人怎样优势互补

它不是把人类器官特化后再组装

1920年，虽然有了飞机，但“航天技术”刚刚起步；那时候虽然有了汽车，但开得起的人还很少；那时候还没有电脑，整个世界上能用得上电的人都不太多。一百年后的今天，不仅机器人与人工智能实现了大量突破，整个社会也发生了巨大的变化，很多变化是当时“机器人”的想象者和创意人没有预料到的。过去一百年发展如此之快，有太多的细节来不及捕捉和记录；接下来的一百年会更快，到2120年，全世界的机器人会呈现出什么样的发展态势呢？社会如果一直进步，那么，这些进步的细节一定是“互相成就”的。电力的普及帮助更多的人用得起电脑；而互联网、物联网的普及又让更多的大数据得到累积，让机器学习成为可能；智能手机、电子商务、电子政务、融媒体的发展，让很多人通过手机就可以办理非常繁难的业务。机器人科学普及也是如此，公众理解机器人最好的途径不是专家的讲课，也不是动画片的播放或电影的放映和欣赏，而是实际操作和动手应用。

工业机器人在企业的应用，让很多人尝到了机器人“代人劳动”尤其是帮助人干“脏活累活难活”的甜头，但也让他们担忧工业机器人普及会不会让人类丧失劳动机会。服务机器人在家庭的广泛应用肯定也会给人带来思考：如果人从一出生就接受“机器人保姆”的服务，与“机器人朋友”长时间亲密来往，会不会与机器人发生情感纠缠？那些特种机器人冒着“生命危险”帮助人类完成此前根本不可能完成的任务，如上战场、去核辐射环境、拆炸弹等，人类会产生什么样的感受呢？

2020年，机器人从科幻走到现实，从研究探索到应用，可以说整个社会进入机器人与人类共舞的年代。因为机器人不再远在天边，而是近在眼前；机器人不再是一张图画，而是一个个可以触摸、对话、拆解的“具体物品”，是很多人身边的同伴。机器人不再特殊，而是人人都可以亲和的“玩伴”。

既然赶上了如此盛会，我们完全可以对机器人身上各部位的“关键技术”进行逐一分析。从某种意义上来说，机器人各部位的关键技术，或多或少都可视为人类某个器官的加强版、特化版，或者综合集成版。机器人有眼睛，它的视觉能力比人类强成千上万倍；机器人有手，它的精细度、灵巧度与抗疲劳度比人类的手强成千上万倍；机器人有脚，它跋山涉水、跨越障碍的能力比人类的脚强太多倍；机器人有心脏和大脑，它强大的动力、通信的无缝、计算的速度比人类的大脑和心脏优很多倍；机器人有“血肉”，它用特殊材料制作出来的躯体，其抵抗恶劣环境的能力比人类的身体强太多倍。机器人当然不完全只是“仿人”，因为人类在自然生态环境中只占极小的一部分，人类的所有才能加在一起，与宇宙天地呈现出来的各种才能相比，显然要弱势很多。

机器人不是简单地把人类器官特化之后再组合拼装在一起，它是人类目前所有优势技术的综合集成，已经完全超出人类“肉身的限制”。因此，我们需要花些时间来了解机器人涉及的那些关键技术和关键零部件。

2 它们都是完成任务的工作机器人

复旦大学智能机器人研究院院长、知名机器人专家甘中学博士对工业机器人与人的关系作出如下的解析："人类必须把机器人真正做成人，而不是做成自动化机器"。让机器人模拟人加工制造的思路和方法进行智能反馈式循环加工，这才称得上智能机器人。具体而言，就是要给机器人装上视觉，在末端装上触觉，让机器人像人一样，用"眼睛"和"手"感知生产制造过程中的误差，再把感知反馈给"大脑"，由"大脑"做出正确的判断和决策，再发布控制指令进行校正。只有具备上述功能，机器人才能称为最基本的智能机器人。目前的工业机器人都不具备上述这种"智能反馈"或者智能循环功能。开发"智慧工业机器人"，首先要把智能加入机器人中，用智能循环来实现各个核心元件的精度；其次要把机器人做成双臂的、带手的。并且，做具有分布式智能的智慧机器人，机器人不同层级有不同的智慧，而且机器人本身应该是一个群体的工作过程。

《机器人技术与应用》杂志副主编王伟认为："机器人不是人，而是超越人的存在"。机器人在很多方面并不只是人的能力的拓展和延伸，而是拥有自身独特的能力。机器人也没必要对人的所有综合能力进行模拟，在现实场景中应用不上的功能可能就没有人去研发和突破，对人类社会发展和服务有帮助的技术则可能被非常重视。国外一般把机器人分为工业机器人和服务机器人两类；我国则把机器人分为三类，增加了"特种机器人"。追溯机器人的发展史会发现，所有的机器人都是特种机器人。服务于工业生产的，类似于《政治经济学》

“生产资料”概念的，称为工业机器人。服务于人类生活的，类似于《政治经济学》“生活资料”概念的，称为服务机器人。而技术尚未成熟、用处比较特殊、研发目的比较特别的机器人，就笼统地称为特种机器人。它们的区别只有一个，就是技术是不是成熟，有没有从概念和理念实现产业化，有没有被市场接受，有没有被社会融合，这才是衡量机器人的重要指标。

大陆智源科技（北京）有限公司创始人高源提出的产业观点是：机器人只有一种，就是工作机器人。衡量机器人是不是机器人，只有一个指标，就是它是否具有“实用性”；而衡量机器人的实用性，只有一个指标，就是看它能否真实地替代人类进行工作。其本质就是工作，因此都叫“工作机器人”。比如安防巡检机器人，它能够替代保安工作。一台机器人如果能够顶替两个保安，那么，只需使用两年就可覆盖保安的成本。它不仅能够24小时不间断无死角巡逻，还能给企业减少非常多的用工成本，也能够化解社会上很多行业的用工荒。市场环境下，保安行业流失率高达55%，很多单位越来越难招到保安，将来更难招到。这样的行业就是“工作机器人”的刚需。谁优先满足这些行业的需求，谁就能够占据市场主动。

安防巡检机器人

重视机器人的产业化前景，不应局限于某个技术的单个突破，而要着眼于机器人整体装备的集成与整合。“工作机器人”的每一个零件、每一个部位都很重要，硬件融合很重要，软件算法指令的融通也很重要。无论是哪一类特种机器人，最重要的是行走能力、承载能力，其次才是搭载在机器人上的其他功能。有了头脑，还要有身体。机器人底盘和机械部分必须非常强大，保障其在室内外环境中的机动性和通过性都非常好。有了好的底盘和好的算法，才可能有好的系统集成和整体融合，让机器人从头到脚都能够满足客户的需求。

3 机器人与人的感觉如何互相传达

从某种程度上说，人类的逻辑能力是一种后天养成的能力，并非先天就有，至少先天并不非常强大，先天最为强大的是那一团“混乱无序”的感觉系统。

2021年10月4日，美国科学家大卫·朱利叶斯、阿登·帕塔普蒂安，因在感受温度和触觉方面的发现获得诺贝尔生理学或医学奖。媒体评价说：“人类习惯了一些感官的反应，认为这是理所当然应当发生的；而他们通过探究，从原理层面揭示了这些感觉如何发生又如何层层传达而不‘失真’。每个人都有触觉，也都清晰地意识到它的存在，但是很少有人去思考触觉感受器的机理与本质，而他们的工作帮助人类找到了压力传感很重要的方向。”我们现在习惯用逻辑的视角看世界，也把世界按照逻辑有序的方式进行安排。这一切都是为了让人类生活得更安全、更便利、更稳定。但同时我们要清楚，人类为了达到这样的目的，牺牲是非常大的。如果人类回归荒野，面对的就是一个浑然杂乱的世界，需要依靠各种各样的感觉器官来获取周边环境对我们的态度，协助我们决定下一步该如何行动。当然，有人会说人类进化出了眼睛，当然是希望通过视觉把外部环境与听觉区分开来，以便更好地捕捉和理解。同样地，人类有了嗅觉，有了触觉，有了“心灵感应”，已经对人类所面对的外部环境进行了初步的区分。

在我们睁眼看色彩的时候，其实，声音也同时存在，味道也同时存在，各种各样让人足以有可能感知的“存在体”也都存在。当科学家“反过来研究”，揭开人类视觉、听觉、味觉原理的时候，我们甚至发现，人类的眼睛只能看到世界彩色的极小一部分，耳朵只能听到世界声音的极小一部分。

但就是这么“极小”的一部分，足以让人类不容易面对。当人类试图用机器人对这些自然环境中存在的各种色彩、声音、味道进行感知，并进行“区分”“定性”“传达”“反馈”“交流”“沟通”的时候，我们会发现机器人非常艰难、非常不容易。现在社会上广泛应用的机器人各种“感觉器官”，是人类反推、优选、精编的结果。人类为此必须找到某种材料来进行精准的“感觉”，而这种材料恰恰对某个感觉最为灵敏。在强化这种感觉之后，还需要剔除其他的“灵敏”，以降低甚至消解其他类似感觉的干扰。有了这些新材料的支撑，我们才可能帮助机器人对某些“特定”的感觉对象实现最为灵敏、最为清晰的特殊感知。机器人实现了这些精选、特殊的感觉之后，还要把这些特殊的感知用“电子信号”“光信号”进行表达和传送。神奇的是，光信号与电信号能够实现转化，它们的传送速度之快，与人类的基本感知能力极为符合。

“电子”在今天至少具有双重性，第一，它是能量，可以用来驱动各种硬件设备；第二，它是智能化逻辑计算的基础，是数据的基本元素，这让世界万物都可由它来进行表达，进行传输，进行沟通。它既是能量又是智慧，既是电又是光，还是数据和程序；它既是决策又是“字节”，既是绚烂的文化色彩又是普通的“数学二进制”。

在机器人的关键技术中，“传感器”很重要。传感器其实更应当称为“感传器”，先有了准确的“感”或者说“信息捕获”，才有了“传送”的可能与必要。如果“感”到的是混乱的信息、无序的信息，那么，机器人收集到的就是无效的感知。无效的感知是没有传送必要的。

机器人与人类一样，随时都要问自己三个问题：“我是谁？”“我在哪里？”“我要去哪儿？”一台机器人不论需不需要移动，只要它需要明确自己的位置，它就要具备在完全未知的环境下获得自主判断和行动的能力，它就需要快速建立“周边环境地图”，并在环境地图的基础上同步实现定位，这是机器人在各类复杂环境中完成各种智能任务的前提条件。目前大部分移动机器人都采用激光测距传感器，或可见光视觉传感器，来创建周边的局部环境地图，用于机器人对当前所处环境进行快速识别定位，以开展行动或避开障碍。

人在这个世界上生活着，经常就有一种“机器感”，这是很多文学艺术家一直关注的“人的异化”问题。机器人是不是一出生就有这样的“感觉”呢？在机器人想要成为人、超越人、取代人的时候，人类该成为机器，还是有其他成为人的更好的路径和感觉呢？

苏州大学机电工程学院院长孙立宁教授指出：“万物互联时代”离我们越来越近，作为5G智能物联网智能终端的三大主芯片之一，“微电子机械系统（MEMS）传感器”的前景十分可观。在生产过程中，要想对产品的质量、装备状态进行验证，就必须有传感器，只有这样才能产生数据。30多年来，孙立宁教授一直潜心探索“微纳机器人”的前沿研究与技术。他认为，微纳器件与系统是智能制造与智慧生活的核心技术。MEMS传感器正在向微型化、集成化、多功能化、数字化、网络化方向发展。可以说，传感器是装备智能化、生产智能化的重要手段。机器人、微纳技术、人工智能等交叉融合，会改变人们的生产和生活方式。人工智能时代产业的发展，是多学科交叉的结果，任何产业都很难仅仅依靠某个单项技术来实现发展。“微纳机器人”与传感器产业只能通过持续的产业化拉动，逐步施惠于百姓生活。

汉威科技董事长任红军表示：传感器就是一种感应、确认、接收、转化、传输的装置，能感受到被测量、所面对物体的信息。它最大的能力是像人的各种感觉器官一样，将感受到的信息按可显示、可传输、可辨识的方式，变换成电信号或其他所需形式的信息输出，以满足信息的传输、处理、存储、显示、记录和控制等要求。

机器人就是通过对传感器所接收到的信息进行精确处理，才实现了那些智慧而灵巧的功能，成为人类不可替代的帮手，在很多方面甚至完全替代人类。可以说，传感器是实现自动检测和自动控制的首要环节。正是传感器技术和产品的发展，让物体有了触觉、味觉和嗅觉等感官，让物体慢慢变活。根据传感器的基本感知功能，大体又可分为热敏元件、光敏元件、气敏元件、力敏元件、磁敏元件、湿敏元件、声敏元件、放射线敏感元件、色敏元件和味敏元件等十大类，每个大类下面又可分为非常多的细分小类。

在我们看来，机器人产业、特种机器人产业、人工智能产业，关键的技术之一就是传感器。传感器有助于机器人实现“万物赋灵”，有了传感器产业为基础，机器人产业才可能走向全面综合的发展之路，在物联网行业的综合解决方案上“大显神威”。

4 特种机器人的眼睛怎么看

想象一下这样的场面：一百万张照片，一秒钟之内通过视觉功能强大的机器视觉处理分析，从而发现有瑕疵和有缺陷的照片。

继续发挥想象：如果把这样的机器人放在生产针尖的企业里，它有没有可能发现“针尖”上的缺陷呢？如果这样的技能放在生产其他圆柱体的工厂，当一颗颗造好的柱状物体快速从一台缺陷检测机器人“眼”前飞速流过的时候，机器人如何迅速判断出不符合要求的物体呢？

再想象一下：在一片保护得非常好的天然森林里，一旦某个地方出现一个未熄灭的烟头，它就能够被智慧灯杆上的红外摄像头迅速依据那个点位的颜色、温度变化，快速侦测出那个地方是否会有火情发生，进而迅速传输火情警报，提醒消防系统快速前去扑灭。那么，这双“远距离监控”的机器人眼睛，是用什么样的办法在数千米之外判定火情的呢？

最后想象一下这样的场景：在人来人往的大街上，受疫情的影响，每个人都戴着严实的口罩，测温机器人当然可以很容易地测定每一个人的体温，但人脸识别系统如何只通过眼睛周围的部分，对“半张人脸”进行快速识别，从中发现追逃数年的犯罪分子呢？这就需要机器人不仅有锐利的眼睛，还要有聪慧的大脑，以及巨大的“数据存储仓库”了。

人类的眼睛之所以能够看见世界，是因为人类有一套“光电转换系统”，最终让外部的事物在人类“视觉系统”呈现出镜像，让人以为外部的世界就是人类眼睛所能看到的样子。人类的眼睛与大脑紧紧相连。机器人的眼睛也不只是高速、高分辨率的摄像头，一样要与它的“大脑”紧相联结。

人类持续的科学研究已经很清楚，我们的眼睛只能“看见”极小的一部分，甚至只选择自己想看的那一部分。虽然人类经常误以为自己看见了很多并且得到了真相，但是整个世界的绝大部分“景色”，人类眼睛是根本看不见的。机器人参与各种各样的决策，要完成各种各样的工作，当然也要对世界有“觉察”。机器人的所有感知系统中，眼睛或者说视觉系统，是它们非常重要的一套系统。

人类从外界获取信息，越来越依赖眼睛。为了“取悦”眼睛或者说适应眼睛捕获信息的需求，人类把信息的形式制作成最适合眼睛的形态。视频、照片、文字、图纸等都尽量适应眼睛获取信息的要求。

同样的道理，机器人的“视觉系统”也难以替代，它主要由精细而快速的激光、发出信息后能够返回的雷达、敏锐而明察秋毫的光学镜头等组成；它用数据线与非常庞大的数据库、非常充足的算法库、运算速度惊人的芯片以及复杂的程序共同组成的综合处理中心保持顺畅的联结和交互。

想象一下，一台服务机器人向你走来，如果它没有“眼睛”随时看清周边的道路和环境，那么这台机器人肯定无法完成任务。再想象一下，如果一台特种机器人要拆除一枚炸弹，如果没有视力良好的“眼睛”进行远程识别和辨认，肯定无法完成这么艰巨的任务。那么，机器人怎么样才可能拥有良好的“视力”呢？这就需要机器人的视觉系统同时具备以下几个功能。

第一，能够确认物体的“形状”。世界上很多物体都有其形状，其形状完全是随机的。估计整个地球上只有人类的作品，才可以制作得比较“规则”。如果有一个数据库专门登记、汇总世界上常见物体的各种形状，那么，机器人通过对形状进行初步分析，也能够简单地分析出物体的大概范围。

第二，能够确认目标“距离”。距离当然不可能是恒定状态的，机器人与物体之间的距离随时在变化，因此，随时需要通过“视力”来校正和测量，保证随时能够确定精准的距离。

第三，能够确认目标的“光谱”。地球上的每一种物质，都有它独特的光谱。如果我们提前把地球上每一个物体的光谱制作成数据库，那么，机器人只要感知到这个物体的光，就可以在数据库里对应检索，就能够快速判别了。

第四，能够确认物质的“成分”。以拆弹机器人为例，如果机器人在向炸弹靠近的同时，它身上的光学扫描仪、爆炸物检测分析仪、X线透视仪同时分析，迅速确定炸弹的成分及连接方式，就有可能在最短时间内找到拆除炸弹的最佳方法，减少它可能造成的威胁。

排爆机器人用“眼睛”观察车底的可疑炸弹

机器人的眼睛要具备这些功能，就要安装能够产生这些功能的“设备”。比如，需要有光学镜头组成的摄像机，它就能够迅速对焦到一个一个具体的物品，对其形状、成分进行分析；要有“激光雷达测距仪”，它发射出来的激光能够迅速计算机器人与物体之间的精细距离；要有“物质光谱分析仪”，这样才可能通过对物品进行光谱分析而确定它是什么物质；要有“物质成分分析仪”，这样才可能对物品进行元素分析，进而对物质的特性进行详细的了解。机器人“看到”了世间一切之后，也有可能像人一样形成“视觉知识”，并以此展开思维和想象吗?

2021年7月14日，第七届中国机器人峰会在浙江宁波余姚召开。中国工程院院士潘云鹤提出了“视觉知识”的概念：以往人工智能研究的一大弱点，是视觉知识研究的不足。视觉知识的研究与运用，是人工智能向2.0发展的一个关键。何为视觉知识？在认知心理学领域，人类的一些视觉记忆被称为视觉心象。从人工智能的角度，这些视觉心象便是视觉知识。

当下，视觉知识的发展面临5个基本问题，包括视觉知识表达、视觉识别、视觉形象思维模拟、视觉知识学习及多重知识表达。视觉知识的独特优点是具有形象的综合生成能力、时空比较能力和形象显示能力，这些正是人工智能技术迄今所缺乏的。人类在进行视觉识别时，不仅分析视网膜传入短期记忆中的数据，而且动用长期记忆中的心象，即视觉知识。正因如此，人类的视觉识别往往只需少量数据，而且可以解释和推理。因此，在视觉识别中不但使用数据，而且使用视觉知识是重要的研究方向。人脑中的知识是多重表达的，所以，在人工智能2.0时代，知识也应有多种表达，包括擅长语义记忆的知识图谱、擅长场景记忆的视觉知识以及擅长感觉记忆的深度神经网络。人工智能2.0要让多种知识表达相通使用，这将形成跨媒体智能和大数据智能的技术基础。视觉知识和多重知识表达的研究，是发展新的视觉智能的关键，也是促进人工智能2.0取得重要突破的关键理论与技术。

显然，要让机器人看得清晰准确而富有灵感，需要机器人的眼睛“不只是眼睛”，而且是“智能眼睛”，也就是自带大脑和硬盘的眼睛。

因为对机器人来说，它看到的过程就是分析和判断的过程，就是运算和决策的过程。机器人的“大脑”当然就是计算机，用来快速运算和分析；机器人的硬盘当然就是数据库，用来存储足够大而全的地球物质信息的数据库，以便能够快速调用和搜索。

机器人的“眼睛”要想实现这些能力，需要与计算机的运算能力、数据库的汇总水平相适应。20世纪70年代以前，在计算机运算能力还比较微弱的时候，机器人的“视力”也比较低下。到21世纪20年代，世界上计算机尤其是超级计算机的运行处理能力已经非常强大，机器人的视力也非常“锐利”。与之相匹配的是，人类也逐步完成了对地球上能够遭遇到的各种元素、物品、形状、颜色、光谱、色谱、分子结构、原子性状，都进行了大量的登记和汇总，方便机器人快速匹配和鉴别。机器人“看”主要有两种方法：一是采用激光雷达；二是采用摄像视觉识别。目前这两种方法各有优劣。有时候在发展和选择的过程中，不同的“选家”甚至出现了互相较劲的姿态。

雷达是通过仿生蝙蝠的能力发射超声波而制造出来的高科技产品。激光雷达的工作原理与超声波雷达类似，通过发射激光束到达物体，然后接收从物体折返的激光束，进而根据激光信号的时间差和相位差来确定距离。

这个过程和乒乓球运动员接发乒乓球时的“来往状态”有些相似，区别在于乒乓球运动员用眼睛结合大脑来判断球速和旋转；而激光雷达通过激光发射与接收器等硬件，结合软件算法来判定障碍物的方位和距离。

更具体地说，激光器发射出的脉冲激光打到前方的树木、道路、桥梁或者建筑物上，引起反射或者散射，一部分光波反射到激光雷达的接收器上，激光器里的“计算机”马上依据激光测距的原理展开计算，得到从激光雷达到目标点的距离。脉冲激光不断大范围地扫描目标物，就可以得到目标物上全部目标点的数据，把这些“大数据”成像处理后，就可得到精确的三维立体图像。再把三维立体图像与数据库里存储的“物品状态”进行比对，基本上就能够判别出前方这个物体的性质和特点。

激光雷达能够具备以上能力，因为它有四大技能：一是激光发射；二是信号接收器；三是全景扫描系统；四是信息处理系统。在激光发射器有节奏地发射激光束时，扫描系统马上跟进，迅速采集目标表面的深度信息，得到相对完整的物理特征。它在信息处理系统的帮助下，把收集到的信息重构成三维表面，形成立体三维图形，进而识别出这些图形所代表的物体本色。

随着高清晰度摄像机和计算机运算能力的日益强大，有一种技术日益受到青睐，这个技术就是视觉融合识别技术。视觉融合成像识别技术的挑战在于数据量非常庞大。想象一下，机器人所收集的视觉信号都是由身上安装的摄像头采集来的视频数据，这些视频数据由一帧帧色彩绚丽的照片连续“放映”而成。在机器人运动的过程中，它的摄像头同步开展工作，每秒钟的数据量非常庞大。

而与之相比，激光雷达、毫米波雷达、超声波雷达等传感器采集到的数据就只是规范化的数据包。因此，一部机器人如果只依靠“视觉融合”技术来“看见眼前的世界”，那么，它就需要同步匹配更高算力的视觉识别芯片。同时，利用摄像头让机器人明白自身的“地图定位”也非常困难，需要有其他技术协同。相比之下，激光雷达可以通过将自身检测数据与高精度地图连续实时匹配，进而获得机器人在高精度地图上的全球位置及行动方向。尤其是，当前全球自动驾驶定位精度要求为10厘米，这时候，仅靠GPS来定位自动驾驶就可能不达标。正是由于这个原因，一些公司把两种技术同时应用。这样既可以缓解和均摊仅使用激光雷达的高昂价格，又可以平衡和弥补仅使用视觉成像所需要倚仗的强大算力。一些致力于移动机器人研发的公司，在使用视觉融合技术的机器人身上加装多个超声波传感器和增强版的前向毫米波雷达，用以弥补视觉的不足。这样的同步搭载还有一个好处，摄像头能够获得丰富的纹理色彩，从而实现精细化的识别与跟踪。因为，激光雷达所采集信号的色彩纹理并不丰富，并不适合信号跟踪。因此，当机器人采用激光雷达方案时，最好的办法是同时采用与摄像头融合的模式来一起工作。这样它才可能看得更清楚，更细致、更准确、更快捷。

杭州汇萃智能科技有限公司董事长周才健提出的产业观点是：算法是核心，“算法库”让机器人的眼睛更聪明。机器人要进行决策，需要依靠“好大脑”。而机器人决策之前需要的外部环境信息和人类一样，重点要靠“眼睛”来进行捕捉、转化、识别和确认。不论是特种机器人、工业机器人，还是服务机器人，“机器视觉”的识别和判断能力都是至关重要的技术突破口。有了对“机器视觉体系”所捕获的信息进行精细的思考和运算，“大脑”才可能给出最精确的指令和要求。

对计算机来说，它们处理信息的过程就是计算的过程。机器人所使用的计算机，要对所获取的信息进行运算或者说处理，就要有一套“算法”来形成程序。这样，信息才可能得到准确地处理和应用。过去靠人工的时候，可能会找出一两种最通用的算法，供人学习和使用。但如果详细地罗列解决任何一个问题，都可以有很多种算法。就如我们要渡过一条河，可以有很多种方式一样。解决一类问题有很多种算法；那解决多种问题当然就会有非常多的算法。算法本身没有好坏，有些算法可能聪明灵巧一些，有些算法可能笨拙一些。不管哪种算法，也许都会有它适合的应用场景，都有它二次开发的可能性。

机器人需要硬件来支撑，也需要软件来指引。几乎所有的机器人公司在开发软件时，都很重视“算法”的研究和开发。国外有不少公司长期研究他们领域的相关算法，由此也积累了各种算法。把已经研发出来的经过验证并稳定的各种算法集合起来，就变成了“算法库”。这个算法库是开放的、自学习的，可以持续地累积和丰富，像滚雪球那样越来越多，像钻石那样越积聚越美。

当今世界上的机器人产业非常庞大，机器视觉这个领域的算法库需要有团队专门去主攻。机器视觉产业发展到今天，能够参与的业务已经越来越多了。由于各种创新技术等相关力量的辅助，机器视觉可以说到了“无微不至，无孔不入，无处不达”的水准。

以工业机器视觉产业为例，它可以参与的“智造领域”涉及触摸屏、显示器、激光加工、太阳能电池、半导体、印制电路板、表面贴装、机器人与工厂自动化、制药、物流、汽车、光学字符识别等。以药品检测为例，药品的生产和加工过程是非常严格的管理过程，任何微小的差错都有可能造成严重的后果。通过机器视觉手段对药品生产过程进行质量控制和管理控制，可以提升药品质量和包装质量。以光学字符识别为例，它需要连续大批量生产，对外观质量的要求高，利用机器视觉的精度、速度以及工业环境下的可靠性来进行字符识别、条码识别，能实现生产过程中自动高效地测量、检查和辨识。

这一切不仅需要有一双锐利的眼睛，还需要有一个擅长思考的头脑，对眼睛捕获的信息进行快速分析和诊断。2015年，杭州汇萃智能科技有限公司正式发布了国内首个通用智能机器视觉控制开发平台。该平台运用机器视觉算法库，能够迅速提升企业生产线自动化及智能化程度，提高生产及检测效率。该平台集机器视觉、深度测量与控制于一体，为全世界机器人相关产业的二次应用开发提供了一套完整的平台。

5 特种机器人的耳朵如何听

“看见”和“听见”其实都与“波”有关。人类的耳朵既是一个“接收器”，又是一个“传感器”。接收，就是能够对传过来的声波进行分析和确认；传递，是能够把声波转化为电信号，再传递给信号处理系统，完成由声波到信息的转化与认知过程。传感器，顾名思义，就是把各种各样的感觉器官捕捉、感受到的信息，以后端能够进行统一分析和处理的电子信号传递出去，来帮助后方运算和决策系统能够精准判别和决策的“仪器”，或者说“器官”。

听力当然不只是机器人需要，只要存在距离之间的信号联结和传递，只要有“通信”需求，就需要在两台机器之间建立“听力互认”系统。当两个人打电话时，其实就在依赖一个全球共享、互认的听力转换和通信系统。在发邮件、写短信和支付的时候，也在依赖一个全球共享、互认的信息转换和互认通信系统。听广播的时候，就是依靠从超短波到各种能够搭载声音的“波长”架设起了一个空中的无线通信长廊。

当今世界上大量的通信技术已经普及，人们在悄无声息中就实现了听力的大扩张。但对于机器人尤其是服务机器人、特种机器人来说，要想实现完美的听觉，除了对声波进行捕捉之外，还有一个非常重要的工作就是“翻译”，尤其是对人的语音进行翻译。这就需要它们掌握非常庞大的人类语音数据库，并进行“模糊而精准”地分析。绝大多数人说话时都带有“口音”，要用一套语音识别软件把千差万别的语音和方言快速识别、翻译、重现出来，确实有相当的难度。不过世界上的知名公司都在从事这方面的工作，有的甚至因为语音识别而成就了新型的科技创业公司。

目前应用得最广的是智能音箱和语音导航体系。有些机器人也实现了简单的对话功能。这些对话功能的出现，意味着这些机器人不仅拥有良好的听力转换能力，还拥有非常丰厚的人类语言数据库，可依据对话场景随时调用合意的句子。

在一些通信盲区，如果发生紧急情况，就需要有能够快速部署的应急通信组网技术。这时候，除了能开到最近现场的应急通信车，就需要有一些体力强壮的青年背着电力充足的“应急通信包”，一段一段地接力形成联网通信，保证在盲区能够把信息传递出去，把决策传递进来。

舜宇集团宋云峰博士提出的产业观点是：机器人要拥有灵敏的耳朵。人的眼睛和耳朵是人类五大感知器官中最重要的两个感知器官，负责为大脑提供视觉和听觉信息。“眼观六路，耳听八方”充分体现了人们对视觉和听觉的重视和厚望。人类要发展机器人，必须把机器人的眼睛和耳朵作为关键的技术进行充分研究。

激光测振技术可以让机器人具有更明亮的眼睛，又可以具备更灵敏的耳朵。目前在机器人上常用光学摄像头和麦克风，分别作为机器人的眼睛和耳朵，为机器人提供视觉感知和听觉感知，但随着机器人往高速高精度方向发展，传统的摄像头和麦克风在很多需要非常精细及动态观察的场合已无法满足要求了。激光测振技术具有纳米级精细分辨率和几十兆的高频响应，可为机器人的视觉和听觉提供一种更加精细和灵敏的手段，使机器人看到人眼看不到的细微结构，听到人耳听不到的微弱声音。比如一些特别精细的手术，如果医疗机器人手臂的振动达到几十微米，而手术的要求是机器手臂振动幅度不能超过5微米，那么，这台机器人就需要先停下来，把振动调整到5微米以内，才能继续进行手术。手术机器人手臂振动大小的监测，是由激光非接触测振完成的。

机器人要和激光测振技术融合应用，就需要有非常好的“感知层”，通过传感器把感知到的信息提取到应用层和决策层。世界是由物质组成的，而世间的万物都在振动。因此，万物之间的关系都可对双方的动态关系进行实时测量，以获得最精准的动态信息。“测量”时，激光探头发出多普勒信号，根据速度与多普勒频率的关系得到双方的位置状态。由于激光测量没有干扰，测速范围宽；由于激光测量的点位只需要几微米，因此无论是肉眼可见的普通物体，还是肉眼看不见的微纳物体都可以被精准测量。由于多普勒频率与速度是线性关系，和被测量点的温度、压力没有关系，因此，激光多普勒测量仪可以说是目前世界上速度最快、测量精度最高的仪器。

激光测振技术在机器人身上已经应用得非常普遍。机器人的未来发展必然越来越像人，必然越来越综合、灵敏。所谓越来越像人，首先是它的感知系统，如眼睛和耳朵都非常灵敏。这方面，激光测振技术可以帮助机器人更好地“看准”、更好地“听清”，所以，机器人在这方面完全可以取代人。但是，此前的机器人在快速决策方面不如人及时和灵动。人有一种能力，就是在获得信息的同时，决策也基本上同步做出了，比如听到后面有人喊，就会马上转身回望。但机器人听到叫喊是否马上回头需要有人下决策，如果这个回头的动作没在设定的程序里，机器人就可能不会回头。

以保护野生动物为例，如何准确地识别野生动物的种类、精确统计野生动物的数量？如何对伤害野生动物的行为及时发现，及时干预？这都完全可以应用激光测振技术来解决。随着各种植入材料和综合手段的应用，激光测振仪已经可以做得非常小，小到和手机差不多。体积越小，与其他功能的融合就越容易，它可以装到机器人和无人机身上。

激光测振技术还可以用于保护生态环境上。它可以侦听几百米外的“盗猎分子”交流，摄像头可拍摄他们的照片，激光测振仪可以用激光测出他们的声音并收集。这对固定盗猎分子的行踪和违法犯罪的证据非常有意义。

保护野生动物，有一个方向是对它们的声音进行录制，以方便辨别和跟踪。采用激光测振仪，在保护野生动物方面也有非常广阔的应用空间。对野生动物的声音进行录制以研究和监测野生动物，是生态环境保护界一直在做的研究。有需求就有产品，需求越强烈产品越精致。相信激光测振仪能够帮助更多的人工智能系统拥有良好的眼睛和耳朵。

6 特种机器人的鼻子如何闻

从物质分析和溯源的角度来说，每一类物质的“气味”应当可以成为用来判断这个物质是不是“在场”的一个有力证据。不同的花有不同的香味，那些长着灵巧鼻子的人，闭上眼睛就能够“闻”出花的种类。正因为世界万物都有其“气味”，所以世界上的植物和动物，尤其是动物，也对应配备了“气味识别生物系统”，人类的这个系统当然是以鼻子为代表。狗也是以鼻子为“辨识气味”的主要器官兼“传感器”。人类因此培育出了很多军犬、警犬、搜救犬、防盗犬、缉毒犬等，都是在充分利用狗的鼻子对气味极为敏感和精微的特长。在仿生方面，就是要研究出特殊功能的“鼻子机器人”。嗅觉特别灵敏的特种机器人，往往具备“灵敏的鼻子”。想象一下，在机场的安检通道上，检测仪里增加“气味识别”的数据库和传感器，那么，恐怖分子想要携带“液体炸弹”上飞机就不容易了。在一些国家，恐怖分子喜欢在平民生活区域里安放炸弹。现在国际上有一个趋势就是用特种机器人取代“拆弹重案组”，对炸弹进行快速鉴别之后安全移除，再安全运送到合适的地方销毁。炸弹是由什么成分构成的？这就需要把世界上所有的炸弹成分做成不同的“嗅源”，让“鼻子机器人”数据库里储存这些炸弹不同配比状态和组成成分的不同“味道”，进而让特种机器人能够通过现场炸弹挥发出来的微弱、痕量“气味”，对这些炸弹进行快速鉴别。

一些需要长期、稳定地运送的物资，比如石油、天然气、需要管道运输的特殊化学气体，也需要鼻子机器人来担当“安全保护神”。

这些气体虽然在管道里穿行，但多少都会有些不安分的“分子”从缝隙里逃逸到管道周边的空气中。如果在管道周边放置一些对这些气体能够快速感应的“气味机器人”以及相应的传感器，那么，一旦逃逸或者泄漏出来的气体超出常态均值，传感器就可以马上测出空气中某气体的浓度有没有超标，并迅速给出判断。这就等于在管道周边安插了一些常年值守的“鼻子卫士”，可以很好地实现管道的安全性保障。万一发生泄漏事故，也能够在最短时间发出警报，进而避免造成更多的人身和财产损失，避免制造社会恐慌。有些管道输送的气体比较单一，那么，基本上只需要输入这个气体的“气味”，让传感器只对它产生“兴趣”就可以了。而自然界中的味道往往是混杂在一起的。要把混杂在一起的味道精准地分离出来，并对其中每种味道后端所代表的物质进行判定和鉴别，就需要一个非常庞大的“气味数据库”。一些物质在不同的浓度下气味不一样，这就需要把同类物质不同浓度下的气味，都罗列和呈现出来，方便气味机器人在“闻”到这些气味时，感应器能够马上分析出是哪类物质在“袭击”它。

为了训练警犬，必须让警犬得到非常多的危险物质作为“嗅源”，这样才可能帮助警犬强化一些重点物质，并把这些重点物质作为关键信息印刻到它大脑硬盘里的“气味数据中心”。比如缉毒犬，它当然要对所有的毒品在不同状态下的“气味”有过反复的强烈而鲜明的感知和比对，才可能让它在遭遇这个气味时迅速找到毒品藏身地。同样道理，如果要研发出擅长辨别气味甚至比缉毒犬还厉害的“缉毒机器人”，当然也需要收集全球所有毒品的“气味”作为“嗅源”，训练这些机器人以强化这些机器人的“印象”。这样到了缉毒现场时，才可能最快速地确定和指认毒品的所在。毒品在运输过程中较为隐蔽，监管难也是打击毒品犯罪的一大障碍。打击吸毒、贩毒、运毒，世界各国想出了很多办法，除了直接监测“气味”，科研人员也是妙招迭出，想出了其他的“毒品追踪技术”。这可以说是“鼻子机器人”能力的特别拓展了。

美国麻省理工学院的研究人员曾经发明了一种通过超声波来搜寻毒品的水下机器人，让走私毒品的船只很容易被识破。这种“水下机器人”的样子很像一个“保龄球”。它在动力的帮助下，能够在船体间自由穿梭，并持续发出超声波，探测船体内的异常空腔和螺旋桨轴——因为通过船只走私的贩毒分子，往往会在这些人类不容易触碰到的隐蔽处藏匿毒品。按照研发人员的介绍，为适应长时间在水体中工作的需求，这款“水下缉毒机器人”分为防水和透水两部分。防水部分置有锂电池和各种电子元器件；透水部分则安装了由6个泵组成的动力系统，能够实现每秒半米的推进速度。为其供电的动力电池，充电时间仅需要40分钟。为了节约成本以更便利地推广，这款水下机器人采用了3D打印技术。当然，这款水下缉毒机器人仍旧有很大的完善空间，不管是电力系统还是动力系统都可以进行改进和优化。研究人员希望最终的产品单次充电可以运行100分钟以上。水下机器人探测主要依赖超声波的诊断力，因此，其携带仪器的超声波探测技术的灵敏性和准确性也需要全面提高，最大程度避免错误识别。在此之前，美国的科研人员还曾推出造型酷似金枪鱼的水下缉毒机器人。它通过声呐和摄像头观察船体的异常部分，并进行毒品探测。我国台湾警方为了更好地破获网络上的毒品销售案，发明了一些灵敏的“语言侦察机器人”，把这些程序运行到网络上后，能够快速抓取毒贩常用的各种暗语，并对其进行汇总和上报，帮助警方从海量而变化无常的信息噪声里，识别出最可能涉及毒品的那类人群，帮助警方更快速、精准地破案。从某种程度上，这也算是缉毒机器人安放在网络上的一款灵敏的“信息鼻子”。

北京航空航天大学机器人研究所名誉所长王田苗教授观点：机器人是社会刚需，中国有机会在2020年突如其来的疫情中再次将机器人推向“风口”。“疫情”期间，市场上对无人配送、无人巡检等“无接触工作”的需求大增，机器人广泛应用在各类场所。对机器人行业而言，这是一次“化危机为商机”的机会。同时，国家“新基建”政策的重磅推出，也为机器人行业发展指明方向，对机器人行业发展起到很大的促进作用，尤其是5G产业链上下游产业的建设与发展，会从底层影响机器人架构、应用技术等，进一步提高机器人产品的稳定性、可靠性、灵敏性，机器人正在成为社会的“刚性需求”。5G技术的普及让机器人的远程操作成为可能。远程遥控操作是未来机器人行业的发展趋势，但远程遥控对网络的延时性和带宽有较高要求，5G技术具有高速率、低延时的特点，能够大规模接入设备，为实现机器人远程遥控提供优质的网络环境。机器人工作过程中也会产生大量的数据，5G技术也有助于机器人快速传输、处理和分析数据。5G技术可以使机器人反应更加灵敏，机器人之间的协作能力将增强。“协作”指的是多个机器人相互协作，它是组成定制化、柔性化机器人生产线的基础。“协作”离不开实时操控，而实时控制的实现离不开5G通信技术。很多人都感受到了这个潮流：国内就业人口下降、劳动力成本不断上升。这也是机器人市场需求增加的重要原因。截至目前，中国16岁到59岁年龄段的劳动力人数在不断下降。劳动力成本方面，国内用人成本每年大约以11%的速度增长，而机器人的造价目前正在以每年10%的速度递减，使用机器人，不失为一种企业降本增效的最优选择。2020年中国机器人行业主机、零部件以及集成商等市场规模超1 000亿元。按照行业划分，机器人应用密度排在第一的是汽车行业，第二是电子制造与3C行业，第三是机械加工行业，第四是化工行业，第五是食品行业。这也是机器人应用的前五大行业。机器人在这些行业的应用，从目前来看依然是刚性需求。

以汽车行业为例，中国国产机器人在汽车行业的应用比例为11%，而国外机器人的比例高达89%。汽车行业应用国产机器人比例较低的原因，是中国工业机器人在多机成套性、高可靠性方面的经验不足，以及切入汽车制造等工业场景需要时间。

建设汽车智能流水化生产线，仅有机器人还不够，还需要机器人传感器、传送带、上下料搬运与码垛、AGV等设备高度集成的一体化整体解决方案。更重要的是，汽车焊接生产线对机器人的整体要求特别苛刻。汽车生产线目前全智能化生产一辆车的平均时间是1.5~3分钟。任何一个环节出现故障，都会给企业造成巨大损失。所以，在汽车行业，整体解决方案必须是高度集成并安全可靠的。我国机器人产业经过近10年的蓬勃发展，已初具规模。行业创新能力显著增强，关键技术实现重要突破，关键零部件研制也取得重大进展，行业发展秩序日益规范。但是从整个产业发展情况来看，与国外先进水平相比仍然存在差距。2020年，全球工业机器人保有量超过300万台。中国工业机器人销量增长速度已经连续8年保持全球第一，平均增长速率为25%。日用消费品、建材、化工、物流与仓储、搬运与码垛，这些行业对工业机器人的需求依然不断上涨。2018年，中国自主品牌机器人销量是13万台（套），约占全球比重的1/3。中国工业机器人企业能够与外国企业较量的水平有三个标志：第一，龙头企业生产机器人必须过万套；第二，加强核心零部件研发力度；第三，能够出现一批原创性基础成果，且基础性技术有所突破。在技术上，我国更加侧重应用技术层面，集成应用就是中国的优势。而在核心部件方面，我国在“一软两硬”上与国外差距较大。“一软”指机器人的工业软件，包括正向设计软件、系统集成成套工艺应用设计软件、工业互联网应用软件等，中国都相对比较落后。中国在形态上比较落后的表征在于“四高”，即高速、高负载、高精度、高可靠性。“两硬”指减速器与电机。减速器主要是谐波减速器和RV减速器。国产谐波减速器的市场销量已达40%，但是RV减速器发展较为落后。电机在国内发展较快，但是高技术含量和高附加值产品品种少、产量低。

我国特种机器人与国外特种机器人的发展在同一个水平线；工业机器人是跟随状态；服务机器人的行业应用相对分散，国内服务机器人的发展还是相当有机会的，基本与国际水平保持一致。综合分析来看，受强烈的市场需求刺激，中国机器人产业发展机会很大。

7 特种机器人如何在地上走

在工厂流水线上持续做某个生产动作的“工业机器人”可能长时间不需要移动，甚至可以被强行固定在某个工位上，一天24小时，一年365天，不眠不休地为人类制造产品的某个部件。这样既发挥机器人某种特别能力，又长时间固定在一处以发挥它的耐性，是“工业机器人”最常见的应用场景。

在服务机器人和特种机器人领域，机器人被研发和生产出来后固定不动，就不会成为优先选项，因为服务有一个很大的特点，就是要频繁地“移动”。移动才是这些特别功能机器人的生命力所在。它们有的在空中移动，如能搭载红外探测仪以监测大象实况的拍摄无人机、能搭载喷射水枪飞到半空中向火头喷水的消防机器人；有的在水中移动，如能够对嫌疑船只进行发现并侦探的水下探测机器人；有的在平地上移动，如日益流行的“送餐机器人”“迎宾机器人”“巡检机器人”；有的则要穿越艰难险阻，在各种常人难以通过的地方移动，比如爬壁机器人、机器人作战平台。每一种移动都可以有很多种解决方案。比如无人机，可用动力四旋翼，也可用无动力滑翔翼。陆地上各种移动形态的机器人最重视的就是“底盘”，如汽车底盘一般。底盘包括机器人的移动装置，履带式、轮式或者轮与履带结合在一起；然后再在上面架设“装载平台”，以把其他关键部件配置上去，比如视觉能力设备、消毒设备等。

无论是工业机器人、服务机器人还是特种机器人，行走或移动都考验着每一个研发者的基础能力。当然，整个机器人行业有很多专门做“底盘”的研发机构和产业公司，他们想的产业前景是把自家的机器人底盘做成全行业的通用底盘，就可以配置给其他的机器人厂商。这样，其他的机器人厂商就不需要在底盘上费心思和精力了。为了让机器人移动，一般人能想到的当然是轮子。自从人类发现圆形的东西擅长“滚动”以来，各式各样的轮子以及轮子的组合就成了人类设计移动型机械最习惯的解决方案。当然，也有的直接模仿人的双足、狗的四足、蜘蛛的八足，直接做成“足状”，然后在地上“灵巧”地行走。后来发现，遇到一些陡坡或者障碍的时候，轮子并没有那么容易“滚过去”，双足也不容易“迈上去”。于是，一种更适合这种地形的通过设备——履带，就出现了。拖拉机上有这样的履带，坦克、装甲车里也有这样的履带。同样的道理，在一些特殊地形穿越，尤其是起伏度高、地面干湿不定的地方，履带成为必要的选择。即使有履带，垂直的立面也不那么容易通过。要想在垂直立面上保持平衡并移动，多半只有两个办法：一是采用磁铁，这要求所爬的垂直立面是钢铁；二是采用负压吸附，这要求立面比较平顺，不能太过于凹凸不平，否则“吸盘”容易“漏气”，无法产生负向吸引力。如果一台水下机器人要想在水里快速“行走”，它多半要模仿鱼的身体来设计。北京大学谢广明教授一直在研究“机器鱼”，其游动起来的速度和模样已经可以和真正的鱼类相媲美。随着技术的进步，机器人的体型越来越小，这样，它能够介入的场景就越来越多。机器人的体型小、体重轻，这就要求它的“双足”更加灵巧，能够在不同的“地面”上自如地行走。城市的道路是平的，楼宇是平的，屋顶也是平的，这也是机器人展现能力的理想“平台”。除了平整之外，城市还有一个好处，就是很多空间是“封闭空间”。在这样的空间里，机器人只要按照设定好的程序在指定的路径上行走，就不会出现太多的闪失。城市这样的场景，给了机器人的双足比较好的解决方案。也就是说，如果不考虑特殊的应用，汽车行业通用的“轮子”就有可能成为机器人的底盘，不需要另外再单独设计。但机器人似乎天生就为特殊而生。机器人的“双足”最难适应的是野外环境，很多研究机构试图在这方面有所建树。仅仅是如何让机器人灵活自如地在野外移动，就可能难住很多机器人设计师和生产厂商。同样地，如何设计生产出能够在陡峭地形下快速参与火灾消除的机器人也变得极有挑战。从地面过去吧，轮子未必能够摆脱地面的那些羁绊；从空中飞过去吧，峡谷中的气流可能把它掀翻；如果让消防战士背着上去，它沉重的身躯反而会把消防战士压垮；装在车上运过去，汽车自身还需要有足够好的路面来前行。同样的困境也考验着水下机器人的驱动装置。因为我们想要水下机器人参与很多灵活而精巧的业务时，水下机器人的动力转换装置，如何帮助其获得这些“快速移动”的灵便性，也经常让科研人员抓耳挠腮。虽然无人机越来越流行，机主仍旧发现让无人机听话地飞行并不是那么容易的事。它们经常被天上的气流裹胁到操纵者难以控制的地方，或者操纵软件本身出现错乱，造成无人机损坏、损毁的后果。

无论是在空中、地面还是水中，机器人要想“自由地移动”都很容易，又都很不容易。容易是因为此前人类技术的积累足以把一些旧问题解决；不容易是因为人类对机器人提出的要求越来越多，希望它能够参与解决的问题越来越多，有时候让它变得无穷大，有时候又让它变得无穷小。在这无穷大和无穷小之间，都有一个最基本的问题需要解决，那就是必须有一种稳定可靠的办法，让它能够听话地、按照程序和命令“精准行走”。只有走路走稳当了，完成其他的任务才有可能。一些研究机器狗的专家经常拍摄一些“纪录片”，就是想方设法地折磨这只机器狗，千方百计让它无法站立、无法行走。而机器狗无比顽强，摔倒了马上爬起来，歪斜了马上扶正，遇上障碍马上想办法跃过，遭遇打击能够迅速还手。在所有的“行走式机器人”中，最吸引人类目光的应当是电动汽车。汽车如此普及，以至于人们完全把它当成了生活必需品。电动汽车绝对不只是汽车能源供应的“电力化”。汽车不再是“汽油”车，而是电车；不再需要石油天然气来“加油加气”，而改由电力来驱动。它更彻底的革命是数字化和计算化之后，整部汽车全面“人工智能化”了。它可以视为一个移动的办公、生活空间，也可以视为一台“轮式移动机器人”，在全世界各地穿梭奔波。

“轮式移动机器人”绝大多数是四轮驱动。与之形成强烈对比的是2001年之后在全世界陆续流行的“平衡车”，“平衡车”完全被双脚踩在地面上，人站在它上面，靠两只脚来指挥它的移动。从智能程度上说，平衡车虽然也是电动的，但显然与智能汽车没法相媲美。“智能汽车”的一个重要标志是无人驾驶，但智能汽车又绝对不局限于无人驾驶。为了实现无人驾驶，智能汽车肯定要有计算机系统，要与高速互联网保持畅通链接，要有随时与周边“物体”产生快速“物联”的能力。移动时要随时感知周边的环境状态，才能移动得安全又精准。因此，“智能汽车”在普通汽车的基础上增加了“距离传感器”——用激光雷达或者摄像机实时识别、测算距离，“认清”前面的路况。通过车载传感系统和信息终端，实现与人、车、路全面的智能信息交换，使车辆具备智能的环境感知能力，能够自动分析车辆行驶的安全及危险状态，并使车辆按照乘客的意愿到达目的地。智能汽车需要多个综合条件辅助，比如它需要一套导航信息资料库，存有全国高速公路、普通公路、城市道路以及各种服务设施——餐饮、旅馆、加油站、景点、停车场地信息资料。它需要GPS定位系统，利用这个系统精确定位车辆所在的位置，与道路资料库中的数据相比较，确定以后的行驶方向。它还需要知道实时的道路状况信息，如堵车、事故、天气情况、周边活动等，必要时及时改变行驶路线。它需要车辆防碰撞系统（包括探测雷达、信息处理系统、驾驶控制系统），控制与其他车辆的距离，在探测到障碍物时及时减速或刹车，并把信息传给指挥中心和其他车辆。它需要紧急报警系统，如果出了事故，自动报告指挥中心寻求救援。它需要无线通信系统，用于汽车与指挥中心的联络。它需要自动驾驶系统，用于控制汽车点火、改变速度和转向等。它需要车载办公、娱乐、休息系统，以便乘客能够随时切换自身的生活状态。20世纪70年代起，美国、英国、德国等国家就开始进行无人驾驶汽车的研究。我国从20世纪80年代开始进行无人驾驶汽车的研究。国防科技大学于1992年成功研制出中国第一辆真正意义上的无人驾驶汽车。2005年，首辆城市无人驾驶汽车在上海交通大学研制成功。2008年之后，大量企业在参与电动汽车研究的基础上，又全面进入无人驾驶汽车、智能汽车的研究和开发。这些企业有的是传统汽车制造商——从汽车走向智能；有的则是新型的互联网公司——从智能走向汽车。

无人驾驶汽车作为时而移动时而静止的“轮式机器人”，它得随时通过“车载传感系统”感知道路周边的环境，自动规划行车路线，并控制车辆安全、舒适、顺畅地到达预定目标。我国自主研制的首台无人车由国防科技大学自主研制出品。2011年7月14日，这辆车首次完成从长沙到武汉286千米的高速全程无人驾驶实验，历时3小时22分钟。实验中，无人车自主超车67次，途遇复杂天气，部分路段有雾，在湖北咸宁还遭逢降雨。这辆汽车全程由计算机系统控制行驶速度和方向，系统设定的最高时速为110千米。在实验过程中，实测的全程自主驾驶平均时速为87千米。该车在特殊情况下进行人工干预的距离仅为2.24千米，仅占自主驾驶总里程的0.78%。无人驾驶汽车一个基本技能就是“自动刹车”，其实这个技能在很多汽车上已经成功地实现，这得益于高速互联网以及激光雷达、智能决策系统的全面匹配。高速互联网让汽车随时在线，云计算和大数据则清晰地掌握了当时的道路状况、天气状况，甚至周边其他汽车司机的情绪状态。利用激光雷达或者摄像识别技术，让每辆车能够在极短的时间内测知与周边障碍物的距离。智能决策系统能在比人类大脑反应速度快得多的情况下迅速发布刹车或者避让指令。2020年10月11日，百度公司发布消息，即日起，继在长沙试验之后，百度自动驾驶出租车服务，在北京全面开放，用户可在海淀、亦庄的自动驾驶出租车站点，无需预约，直接下单免费试乘自动驾驶出租车服务。

北京理工大学特种车辆研究所副研究员徐彬的观点：空中飞车不是梦。世界上有很多专家都在研究“陆空两栖型智能交通”。北京理工大学和国内相关同行在这方面取得过一定的技术突破。人类以后的交通，很有可能从地面走向空中，“空中飞车”不是梦，而是正在成为现实。世界上做陆空两栖智能交通的研究机构不少。比如清华大学，他们在2020年上半年发布消息说：清华大学车辆与运载学院李骏院士团队，成功研制第一代清华猛狮陆空两栖自主驾驶飞车。该车辆全称为旋翼式陆空两栖智能飞行车辆，是全球首款集成智能驾驶功能的纯电动旋翼式无人驾驶飞行车辆。据了解，该“空中飞车”具有两大特点：一是实现旋翼与车轮底盘结合，相比于地面无人车具备更高维度的运动能力和更好的灵活性，相比于传统无人机实现了有效续航里程的增加；二是具备无人驾驶自主决策能力，无人飞行汽车配备的环境感知系统与无人车相同，具有自主决策能力，无需人为控制，相比于点对点的路径，这款旋翼式陆空两栖无人驾驶飞行车辆可以进行立体路径规划，可实现垂直起降、空间规划、空中悬停、飞行避障、地面巡航、跟车行驶等功能。车辆行驶过程中，车辆会实时构建空间驾驶感知模型，判断障碍类型，针对无法绕行的障碍，就会启动飞行模式，飞越障碍并寻找可行驶区域，进而降落至路径中可行驶的平坦地面，实现空陆两栖高效自由切换，提高运输通行效率。不仅研究机构在全力研发，据公开信息显示，吉利、保时捷、现代、丰田等众多车企都已经入局“飞行汽车”领域，各种造车新势力不仅忙于制造电动车，也在瞄准“空中飞车”。北京理工大学很早也介入了这方面的研究。2018年上半年，国内首个陆空两栖智能装备联合实验室在北京理工大学成立。陆空两栖智能装备联合实验室是隶属于北京理工大学的开放型创新实验室，主要进行基于涵道式陆空智能装备关键技术研究工作与扩展应用装备研发。该联合实验室是建立在北京理工大学陆空两栖智能装备相关学科群的强大师资力量下，依托特种车辆研究所教师队伍与研究条件，面向北京理工大学全体全日制本科生、硕士、博士研究生开放的创新型产学研合作平台。实验室将前沿学术研究需求、产业应用落地需求、高端人才培养需求、专业协同发展需求无缝结合，在人工智能、混合现实、物联网、特种机器人市场应用迅猛发展的大背景下，实现高新科技创新创业型企业与国防科技研究机构结合的一种新型合作模式。

北京理工大学学生参与创业的酷黑科技（北京）有限公司研发出来的涵道式“空中飞车”，很有希望在不久的将来成为人类的交通工具。全球类似于酷黑公司这样的企业不少。在国家全力发展人工智能大好政策的引领下，在科研机构、投资机构、生产企业、销售推广团队、传播创意团队的全力协同下，相信“空中飞车”会很快进入成千上万个家庭，交通将越来越立体、便利、智能。

8 特种机器人怎样说话

1912年，波兰籍美国书商威尔弗雷德·伏尼契在意大利罗马附近一所耶稣会大学图书馆的地下，找到他一生中最大的发现：一份厚达240页、以奇特字体写成的手稿。手稿中配有许多植物、天体和人物的奇异图片。伏尼契敦请当时顶尖的密码学家来参与破解这份奇特的手稿，但它似乎和任何已知的密码语言都对不起来。从那之后，这个发现被称为《伏尼契手稿》。一百多年过去了，手稿中所用字母及语言仍旧无人能够识别和破译。长期以来，这本书内容不明，作者不详，甚至被猜测是伪造之作。也正因为如此，它成为许多“密码破译爱好者”最想要解决的一个难题，难倒了许多顶尖的“密码学家”。今天，各种声称的“破解”都没有一例能够得到业界的普遍认同。在人工智能时代，通过强大的计算能力，我们有可能破译《伏尼契手稿》的内容吗？或者直接给出证据，证明它是精心设计的骗局也是一种“破解”。如果说“破解手稿”这样的追求是从一端来提升人工智能的水平，那么，这一百多年来，人类还在努力地从另一端试图提升机器人“破解”语言的能力，那就是想要让机器人说话，特别是“用自然语言”说话，尤其是理解“消费者情绪”的说话。这些持续的探究涉及人工智能方面的语音识别、语音合成、声纹识别等诸多方面的技术。

2021年9月以来，一款模仿电影《变形金刚》中“威震天”的角色，被制作成“机甲娱乐师”，在北京等一些娱乐公园大力推广。“威震天”其实不是机器人，也没有人工智能元素，它是让反应比较机灵的工作人员穿上威震天的“服装”站在舞台上，与游客进行全程互动。游客一开始以为是人工智能或者机器人。他们发现这款“机器人”颇为机智和幽默，都特别愿意到它的工作台上“打卡”，想出各种各样的办法来试图“用语言难倒威震天”。由于短视频的发达，这些游客与威震天交流的过程被大量拍摄成视频，传到互联网平台上，吸引了更多人的关注。业内人士解释说，这种职业可称为“机甲操控师”。工作人员像踩高跷一样站在机甲的膝盖部位，头在机甲的胸部，通过人为控制运动和声音，声音经过变声器处理后再传播出来。“威震天”火爆一时的现象，充分说明人类渴望与机器人交流。如果一台机器人能够用自然流畅的语言与他遭遇到的任何人进行无障碍交流的话，那么，这款机器人一定会是爆款，会成为新时代的网红。有一个长期从事“机甲操控师”职业的人感慨：“这个世界，人与人之间的关系更多时候是冷漠的。大街上，你如果看到陌生人，不会对话；但如果是机器人，你会主动走过去看看，触摸，甚至交流。机甲之下让我感受到了人与人之间的天然热度。”“交流”对于人类来说，当然最习惯的就是说话，尤其是声音之间的互相攀比式、竞赛式、考验式的对话，最引发人们的好奇之心。很多企业尤其是平台型的企业，其“呼叫中心”或者售后服务中心已经在大量启用“打电话机器人”。这些平台的用户接听到来自企业客服的电话，其实是“机器人”在发出呼叫。比如一家做酒店的企业，其客服机器人经常会给订房的客户打电话：“请问您今天几点钟能到酒店呢？”比如一家做快递的企业，会把快递放置的地方通过电话机器人“播放”给收货人。这种标准化、简单化的功能，让机器人负责最为省事。对酒店运营商、快递运营商等客户流量大的公司来说，他们应用或者开发这样的系统，需要做的只是制作一个“机器人提问及应答的问题库”和“客户最可能回答的各种信息、各种方言和口音数据库”，基本上就能够满足需求了。

从导航系统里发出来的与人类声音极度类似的那些语句，到底是怎么生成的呢？要解开这些疑惑，就要从“声音的来源”说起。一台机器人想要“说话”，需要具备两个功能：一是发音的功能；二是存储大量语句或者“语素”的功能。发音的功能比较容易实现，用音箱来匹配就行。而存储所有“语素”或者语言成分的功能就比较费劲了。从“生物特征识别”的技术角度来说，每个生物的每一种特征都有“独特纹路”，特殊的地方不仅有指纹、虹膜、基因、脸型，所有生物特征都可能是特殊的。如果我们对一个人进行更精微分析，会发现一个人所有的“个性元素”其实都有独特性。他的步态是独特的，因此有科学家研发出了“步态识别法”。他的声音频率是独特的，因此对一台足够精密的“声音检测机器人”来说，它完全可以迅速听完这个人说一两句话后依据这个人的节奏和韵律，迅速做出鉴别。他敲击键盘的节奏是独特的，他写出的文章有一些特定习惯的用词，只要进行精准地分析，都可以抓取出最特别的特征，进而从茫茫人海中快速进行“精确定位”。很多导航系统的开发团队会找来自己认定的公众最喜欢的声音“发音人”在影视电台节目或者各种公众场合出现过的音频资料中进行仔细分析后再逐一切分，再存储成由一个字一个字组成的明星声音资料库。同时，又对这些人的讲话习惯和节奏进行充分“预料”，保证切分后重组的声音能够与此人的节奏协调一致。当导航行进到某个位置时，系统本身会把需要提示的信息先用文字呈现出来。有了这些文字信息，智能系统再从这个明星的语音数据库里，快速找出相应的“发音”，同时将这些发音进行无缝结合，听起来就像是明星在导航了。早先的时候，由于计算机的运算速度不够快，声音结合起来容易有很多缝隙和停顿。今天计算机的运算速度已经非常高，声音听起来就圆润平滑得多，节奏韵律的把握也精准得多，与真实声音之间的差距也越来越小。

一些互联网专家认为，“人工智能桂冠上的明珠是对语言的处理”。他们相信，“自然语言是人工智能中最难突破也最有价值的部分”。语言不仅是人机交流的核心，也是承载知识和思考的关键所在。对互联网平台来说，搜索的重要性已经提到了“战略级”位置。因为它与“推荐算法”相辅相成，可以极大提升转化效率。比如，根据“搜索关键词”推荐的内容，可以更精准地帮助用户在同样的时间内看到更多感兴趣的内容；与此同时，根据推荐算法得出来的搜索结果也更精准，可以让用户在更短的时间内找到自己关注的内容。除了搜索引擎对语言理解有无尽的追求，还需要依靠所有人每天都在高频率使用的“输入法产品”。输入法无时无刻不使用，有利于“自然语言的计算与处理”。所以，这些互联网专家相信，自然语言处理必须与输入法、搜索引擎两大功能相辅相成、互为促进。对机器人来说，直接服务到“人”的机器人其实是少数，需要制作出仿真声音的更是少之又少。对于绝大多数机器人来说，它们之间的对话和理解比它们与人类之间的对话可能更为重要和关键。因为它们每分每秒都需要接收其他机器人的信息，也需要向其他的智能终端或者系统发布指令。在很多专家看来，今天的世界是人工智能、混合现实、万物互联的综合时代。在这样的时代，人与机器需要对话和通信，设备与设备也保持高频率的互相通信与对话。人类的很多需求之所以能够实现，更多的是依靠设备之间的“通话”。不同的设备之间要成功实现通话，让一台设备理解另一台设备在“说”什么，当然要依靠一些通用的计算机编程语言，以及通过这些编程语言编辑出来的通用软件。

2013年，美国微软研究院、卡耐基梅隆大学的科学家联合发起了“对话系统技术挑战赛”。从那时候起，这个赛事成为全球人工智能领域的权威学术比赛，受到越来越多学术界、工业界研发人员的关注。它要求参赛的人工智能模型，依据给定的多轮对话历史，从上万个句子中选出正确的回答。我国的一些企业也参与了这项赛事，比如阿里巴巴集团、百度集团等，都取得了良好的成绩。一直以来，人机对话系统及其背后的认知智能是人机交互中最复杂也最重要的技术，曾被形容为“人工智能皇冠上的明珠”。人类的“自然语言表达”复杂且多变，机器人研究者非常希望它们能像人类那样实现自然语言对话。在多轮人机交互对话中，机器人如果不能快速准确理解人类的表达，就会给出“牛头不对马嘴”的答复。追求完美的人机对话系统是自然语言处理领域最具挑战性的技术之一，尤其是实际应用场景下，数据高噪声、多歧义，比学术研究数据更复杂、更具挑战性。通过一年又一年的对话技术挑战赛，致力于推进全面产业化应用的相关公司锤炼了自身原创模型的自洽度，验证了知识增强策略的应用效果，并为解决产业应用中的实际问题提供了全新思路。这样的竞赛将持续帮助企业实现技术创新与突破，让对话更有知识、有情感、有逻辑。

清华大学计算机系博士生导师黄民烈观点：人与机器人之间将“自然而然”地说话。作为人工智能的一个子领域，自然语言处理（NLP）指的是机器理解并解释人类书面语和口语的能力，目的在于使计算机像人类一样，智能地理解语言和用语言表达，弥补人类交流的自然语言和计算机理解的“机器语言”之间的差距。目前，自然语言处理已经具有广泛的应用领域，如信息提取、文本生成、机器翻译、情感分析、知识图谱、智能问答、对话系统等。智能对话系统就是在各种智能算法的支撑下，使机器理解人类语言的意图并通过有效的人机交互执行特定任务或做出回答。随着技术的不断发展，任务型对话系统在虚拟个人助理、智能家居、智能汽车语音等领域有了广泛应用。聊天型对话系统也在娱乐和情感陪护领域找到了应用场景。但应看到，这些传统对话系统存在一些问题，如语义理解不准确，造成“答非所问”，对话中展示的身份与个性不一致，难以获得用户信任；对话交互中还可能存在道德伦理风险。如何规避解决这些问题，并开发交互效果更好的下一代对话系统，逐渐成为业内的热门研究课题。

对话系统的历史非常悠久，最早可以追溯到1966年美国麻省理工学院的一项应用。这是一个以心理咨询为代表的对话系统，在过去几十年以及今天都产生了非常广泛的影响。2011年，苹果推出了语音助手Siri，使这一类的对话系统在工业界引起了广泛关注。2014年，微软推出了第一款社交机器人“微软小冰”，使得用户可以跟对话系统进行聊天互动。2020年，出现了很多超大规模的预训练模型，包括谷歌等公司都在介入。这些预训练模型将对话系统的研究推向一个新的高潮：在开放域的聊天里生成非常好的、自然的对话。

当前对话系统可以总结为两种类型：第一种叫任务导向型对话系统，也就是通常意义上所说的“手机助理”；第二种叫开放型对话系统，也就是通常意义上所说的“聊天机器人”。在任务型对话系统中，通常会有一些流水线的处理方法。科研人员会预测相应的结构化意图，它会通过自然语言生成模块转换为一个自然语句，然后进行用户的交互。经过反复的交互和迭代，对话系统就能够完成相应的任务和功能。开放型对话系统通常采用一种“端到端架构”，就是说开始是有对话的上文，用户说一句话，然后机器说一句话，用户又说一句话。这时候，互相之间如何“充分理解”就成为编码和解码的关键，也是挑战。可以说，与对话系统进行深入的交流和探讨非常困难。无论哪一种任务，都需要“下一代对话系统”。下一代对话系统应该具备什么样的能力呢？一方面要具有智商（IQ），即能够帮助用户做任务、做问答和做推荐；另一方面要具有情商（EQ），如能够理解情感情绪，能够共情，能够实现深入的社交互动。同时它应该具备两方面的能力：一是满足用户的信息需求；二是满足用户的社交需求。我们需要综合运用多种技能，并且在多种场景和领域中都能够发挥作用。可以用三句话来概括：一是“有知识，言之有物”；二是“有个性，能够实现拟人化”；三是“有情感、有温度，能够做一些精细的情感类任务”。

9 特种机器人怎样思考

有一个说法是人工智能起源于1950年。当时，著名科学家艾伦·麦席森·图灵提出“机器能思考么?”图灵被誉为计算机科学之父，是计算机、人工智能的奠基人。他的问题指向那个可能的答案——机器会思考。图灵认为，要回答机器能否思考这个问题，不但要非常懂机器，也要非常懂思考。图灵和很多科学家把“人类的思考”做了分解研究，看它是由哪些活动所构成，这些活动有没有可能被人类发明创造的机器来模拟甚至独立演化。这个故事实际上就是《人工智能简史》这本书的主要内容。如果在1920年，捷克作家恰佩克没有用文学手法写出“机器人”这三个字；如果20世纪50年代，图灵或者其他的科学家没有提出“人工智能会思考吗”这个问题，后来的人们可能就不会朝着人工智能这个方向继续研究，或者这领域的发展要滞后很久。

北京联合大学机器人学院院长、中国工程院院士李德毅认为：2021年前后整个世界“已经处在传统人工智能向新一代人工智能的分界点”。他呼吁科学界和产业界把更多的精力用在探索新一代人工智能上。传统人工智能是什么？为了方便理解，李德毅院士发明了一个词——计算机智能。凡是在计算机上玩智能的（算法、大数据等），都是玩的计算机，是传统智能；机器人比人的围棋下得好，最多体现出来的是机器人的深度学习能力，仍旧是大数据的积累，仍旧是传统人工智能。“算力就是计算机的本体，是计算机本来就应该干的事情，算法是人力工程师应该干的事情，数据就是应用。我们不能满足于算力、算法、数据起到的最大作用，而要探索新一代人工智能。”李院士认为，新一代智能有几个特点值得重视：一是类脑智能；二是类人智能；三是主动学习；四是自然地交互；五是有深刻的记忆。他指出：“智能是学习的能力，是解决问题的能力。学习又是解决问题的基础。学习的结果是记忆。我们不但要研究计算智能，还要研究记忆智能。解决问题是学习的目的，不能用一台机器总是做它原来能够解决的问题，而要让它能够解决从来没有遇到过的新问题，这才是人工智能研究者要追求的。这个怎么实现？用数学家的语言来讲，就是要把一个问题基于高阶次来做，把小变量放到一个大变量范围内研究。”李德毅院士说，传统人工智能是计算机智能，只能算是封闭型人工智能。新一代人工智能应该是开放性人工智能。传统人工智能依靠的是算力、算法和数据，新一代人工智能在交互学习和记忆上有充足体现；传统人工智能解决的是确定性问题，新一代人工智能要解决的是不确定性问题。今天，人工智能的定义仍旧会被习惯性地分为两部分：一是从“人工”角度进行定义；二是从“智能”角度进行定义。从人工角度，当然是说这些智能设备，都是人类创造和定义的；从智能角度，则是这些并不符合传统生物进化学而出现的“智慧机器人”，居然除了被动执行人类给定的指令之外，还会自主思考自主决策自主学习甚至有自主的情绪和情感。这就让原来的受控体变成不可控体，让机械组合变成有机的生命分子组合。

美国神经生理教授保罗·巴赫利塔的故事同样带给人工智能以巨大的启发和引导。他的工作是从一个很多人都可能问不出来的问题出发的：人到底是用眼睛看世界，还是用脑子看世界？

这个提问也启发和激励着更多的人从事研究，为“电子导盲犬”“电子棒棒糖”这样的技术创新奠定了基础。20世纪90年代，巴赫利塔认为眼睛只是外部信息传输进大脑的一个通道，大脑才是成像区。先天性盲人可能只是生下来眼睛就坏了，但脑子没坏，这意味着传输信息图像的通道堵塞了，但成像区还是好的。

巴赫利塔开始思考，能不能换一个通道，把外部世界的图像信息传输进脑子里成像？巴赫利塔后来发明了用舌头代替眼睛接收视觉信号的技术设备，这是“电子眼镜”的雏形。再后来，美国“维看公司”的研究人员将外形庞大的电子眼镜变得更加小巧轻便，研发出一款名为“电子棒棒糖”的电子眼镜。“电子棒棒糖”由一副装有微型摄像机的太阳镜、一个控制器和一块舌显示器组成。盲人使用时，只要将舌显示器含在嘴里就行。太阳镜上的摄像头负责捕捉视觉信息，控制器将信息处理之后转化成电脉冲，由舌头感知并传递到盲人的大脑视觉区，最后形成知觉。通过“电子棒棒糖”，盲人可以判断物体的方向、大小、位置、运动轨迹等信息，从而更好地独立行走和生活。今天的人们仍旧会接续着图灵、巴赫利塔以及更多的先驱，针对人与机器的关系进行“最本位的思考”。计算机程序员们设计出一套程序，对数据进行规定，然后用这个程序对数据进行累积；然后再用这个程序对这些数据进行分析。通过分析，得出下一步的决策和动作。由于现代计算机处理数据的能力非常迅速，因此，快速的运算面对海量、天量、无量的数据，对“机器人”不再是负担。这些机器人已经能够在人类面前表现出令人咋舌的记忆力、反应力、思考表达力和交流灵活力。这让很多人不得不惊叹，或许机器人真的会思考了，机器人的“智商、情商、财商、慧商、灵商”都在快速超越人类。当然也有很多人仍旧持怀疑态度，从“心智层面”来说，机器人最擅长的仍旧是“运算”和“储存”，快速的运算力加超大无比的数据存储功能而已。互联网出现之后，机器人又增加了一个“更可怕的功能”——网格化计算能力。假如我们把一台机器人看成一个人体细胞，而把世界上所有联网的机器人看成一个人，那么，我们的细胞本身是一个生命，这联成网的机器人又是一个超级生命。一粒细胞自己会运算会储存，而联成网的细胞则具有无穷大的运算、储存能力。一台机器人有可能会断电、会损坏、会休息，就如人类的细胞会新陈代谢，但联成网的细胞、联成网的机器人则永远保持强大的活力。

今天的世界，已经没有人能阻止互联网每分每秒都在健康地生存。地球的时差无法阻挡它们，因为一半地球睡觉的时候另一半地球仍旧觉醒着敲击键盘。

今天的人类已经不太爱追问“机器会不会思考”，也不太再怀疑互联网是不是一个超级人工智能体。今天的人们认为机器的很多能力都是理所应当。因为，人类自从研发了“计算机程序语言”之后，世界上所有的计算机或者说类似计算机的人工智能体，都可以由程序来进行连接和推进了。表面上看到的是硬件之间的衔接与互动，本质上是软件或者说程序语言之间的互相融合与互通。

虽然在今天，机器人已经在很多领域帮助人们工作并帮助人们思考，但在一些关键领域或者决策节点，这些机器人仍旧没有得到“授权”。机器人能够帮助人思考，原因在于人类变成社会群体之后，群体之间的交流需要人类之间的思考模式全面逻辑化。而机器人恰恰是“逻辑化思考”的最高段位拥有者。他们可以无穷尽地帮助人类逻辑化推演下去。庞大而复杂的计算力在人类某个个体已经吃不消的时候，恰恰完美地超越了人类，让人类对自身的创造物惊叹不已。人类还有另外一个能力就是“混沌化感知”，机器人或者人工智能目前仍旧缺乏这方面相关的能力。有时候，你在某一个方向越强大，你离另一个方向就越遥远。人类发展到今天，到底是感性直觉好，还是理性逻辑好，没法分说，各有妙处。而机器人在理性思考、运算、决策方面，正帮助人类实现了很多原来不可能实现的目标，完成原来不可能完成的任务。

研究人类进化史的科学家发现，人类之所以会进化，原因在于“热爱社交”。正是热爱社交的基因，让一些种群“淘汰”了另一些不热爱社交的种群，进而把自己的后代铺遍了世界上所有的大洲和大洋中的小岛。机器人也同样面临这个挑战：当机器人已经被有线网和无线网尽情地、充分地联结起来之后，它们的社交基因一旦开始表达，机器人的群体社会会呈现出什么样子，估计是人类不愿意思考也不愿意面对的难题。当世界上所有的机器人一起思考时，它们会做出什么样的决策来呢?

人工智能时代出现了两个特征：一是单台的机器人或者说人工智能设备，拥有了强大的自主决策力和深度学习的“神经网络”，这足以让单个机器人显得无比强大；二是这些人工智能设备每时每刻都通过互联网、物联网而自动地联结在一起，组成一个巨大的超级机器人或者说巨大的超级计算机。操作系统的日益统一化，让这台在整个地球上昼夜不息运行着的超级机器人更加精诚统一和容易控制。“操作系统”可以看成各类智能设备的大脑和神经中枢。有人分析说，微软一度丧失移动互联网时代的机会，就在于台式机、个人电脑时代，微软的操作系统一直占据着用户的主流。在那个时候，整个超级计算机还局限于联网的个人计算机组成。这可以看成是操作系统影响智能设备的第一个阶段。

智能化手机出现之后，移动互联网的诸多应用迅速暴发，手机成为人类最亲近、依赖度最高的“智能设备”，手机甚至像“植入”到人类身体的一个新器官。在这个时代，微软的操作系统并没有获得机会，市场上最流行的还是安卓操作系统和苹果操作系统。可以说，这是智能设备与操作系统互相协同的第二个阶段了。在这个阶段，手机的操作系统是比较统一了，手机的操作系统也能够与个人计算机的操作系统相匹配和融洽无间地运行、通信。但机器人、人工智能设备的操作系统，则仍旧处在“各自为政”的状态。

时代呼唤所有的智能设备，尤其是面向公众用户的智能设备，最好能够有一个统一的操作系统，这样，才可能方便各智能设备之间的互相对话和“理解”。或许，这个机会正在华为公司全力开发的鸿蒙操作系统上得到突破，或许，这意味着操作系统与智能设备的关系进入到了第三个阶段。2021年6月2日，华为郑重地发布了鸿蒙操作系统。在随即跟进的“新闻播报”里，华为是这样描述的：“华为智能终端操作系统（即鸿蒙操作系统）是华为研发的面向万物互联时代全新的、独立的智能终端操作系统，为不同设备的智能化、互联与协同提供统一的语言。该操作系统有三大特征：一是一套操作系统可以满足大大小小设备需求，实现统一操作系统，弹性部署；二是搭载该操作系统的设备在系统层面融为一体，形成超级终端，让设备的硬件能力可以弹性扩展，实现设备之间硬件互助，资源共享；三是面向开发者，实现一次开发，多端部署。”

清华大学智能技术与系统国家重点实验室邓志东教授是人工智能专家，尤其在深度神经网络、深度强化学习方面，在计算神经科学、无人驾驶汽车、先进机器人等方面，有着精深的研究，曾主持研发4台无人驾驶汽车，主持研制煤矿井下环境探测与搜救机器人4台，并于2011年1月在国内知名学术期刊《机器人》上发表脑电控制仿人机器人成果。

邓志东于20世纪90年代初就从事人工神经网络与强化学习的研究。当时的全连接前馈神经网络核心就是一个可训练的分类器或回归器，其针对输入数据的特征向量是人工设计的；经过持续发展，现在进入“深度学习”新阶段。二者有本质区别，关键在于后者可以对大数据的分层特征进行自动提取。

以前并没有很好的特征学习方法，现在的深度卷积神经网络最多有上千层，最新的Transformer神经网络模型则有多达数万亿个连接权参数，能够非常好地学习分层特征与自注意力特征，这是人工智能带来的最大改变。它不仅能从收集汇总的数据中自动学习特征，而且有能力基于数据驱动“赋能经济与社会”。面对数据洪流，人工智能是最好的处理技术，不仅可以自动过滤数据、优化数据，而且可以针对多元化的业务场景应用数据。

在邓志东看来，大数据的人工智能应用有两个端：一是边缘端；二是云端。它们都需要全新的AI芯片来支撑，这种技术被称为“AI云边端赋能技术”。

移动通信技术的改变带来了变化的发生。尤其是5G带来的改变，能够很好地解决数据源之间的连接问题。5G实现从移动端到边缘端的点对点连接，是迄今可以遇到的最理想的互联互通，即具有低时延、高带宽、大连接等特性。5G端到端的网络基础设施，加上人工智能，就可能变成6G网络。端到端包括两层含义：一是输入端到输出端，可视为一个需要进行深度学习与反馈闭环的深度神经网络；二是移动端到边缘端，也要做类似的处理。以自动驾驶汽车为例，连接不能仅仅是控制闭环的，还要有规划闭环、决策闭环，同时一定要实现移动端的局部自主，以确保底线安全。这样自动驾驶可实现边缘端和云端的AI同时赋能，既有数据处理能力十分强大的AI云端做支撑，又有反应迅捷的AI边缘端完成闭环赋能。

北京元心科技有限公司轮值总裁黄浩东产业观点：操作系统正在成为“大生态”。“操作系统”在整个软件体系中处于基础核心的重要位置。全球主流操作系统已经形成极高的市场占有率，生态壁垒较高，其他操作系统面临多种挑战。面向5G，面向万物互联，面向人工智能，面向特种机器人广泛普及的新时代，中国的操作系统如何走出自己的路？在全面化的人工智能时代，需要操作系统的智能设备增量在百亿级以上，很多设备都在向轻型化、小型化、多功能化发展。目前的操作系统代码规模都比较大，整体体积大，而且实时性不好，像传感器、可穿戴、VR/AR这样的小智能设备，对传感、控制的实时性要求高，这为新的操作系统带来了发展机会。元心科技在制定自主研发操作系统的技术路径时，相信“微内核”是下一代操作系统核心技术。该技术具备高安全性、高可靠性、高扩展性和高可维护性，支持分布式计算，而且微内核的代码量小，安全性高，方便用于物联网环境中。可穿戴设备、工业物联网、智能网联汽车、特种机器人等，都可以围绕“微内核”构建物联网智能终端大生态。除了代码量小、安全性高之外，针对物联网环境，微内核还有一些显著优势：服务模块运行在用户态并且互相间隔离，实现了高可靠；可以方便地按需裁剪、添加，扩展性好；而且由于服务模块独立，带来了易维护、支持分布式计算的特点。任何一款操作系统，都需要解决操作系统的基础需求——稳定、安全和生态兼容。操作系统原创技术很重要，但生态系统更重要。从这个角度上说，我国的国产操作系统，技术上实现突破可能不那么困难，但在大生态的构建上就落后很多。目前，世界上主流操作系统有微软、谷歌、苹果等。微软抓住的是台式机时代，安卓和苹果等抓住的则是移动互联网时代。安卓操作系统正是抓住了手机从按键式转向大屏触控操作的换道机遇，获得了暴发式的成功，构建了全球化的应用大生态体系。所有人都已经非常清楚地看到了物联网、人工智能、混合计算这些大趋势，但各行各业采纳、接应“物联网”等普适化技术，是有先有后的。哪些是生态的底座，哪些是生态的中间层，哪些是无所不在的应用层，需要在推广操作系统时进行非常精细的考虑和着力。再好的技术都需要经过应用的检验，没有得到应用检验的技术只是一个“虚假”的存在，而依托这个技术所衍生和“引爆”出来的生态系统更是基于非常充分和广泛的应用。因此，元心科技在应用方面采用了两个策略：一是跟随，毕竟国际上的那些大的操作系统，已经非常普及，想要视而不见是不可能的，因此，对它们已经占据了生态位的地方，要跟随和兼容；二是开拓，在我国自有的一些特殊领域，只能采用自主研发的国产操作系统，元心科技就要在这些领域抓紧机遇，进行深耕，争取能够实现全覆盖。要抓住那些需求比较迫切的应用单位和行业，在其中进行布局。同时，元心科技也重视针对这些愿意拥抱新技术、新变化的行业，为他们带来价值，让他们先用起来。产品是用出来的，通过连接用户体验，不断迭代升级，以操作系统为核心的整个信息化服务链条才能不断提高本身的质量。而一家企业，一款核心产品，“提升质量”最好的办法就是在广泛而持续的应用和实战中不停地升级迭代。这样才可能适应和捕捉灵活万变的市场需求，逐步构建大生态系统。

10 机器人受仿生学哪些启发

机器人虽然不是人，在很多应用场景也不必拟态、仿生为人，但在很多场合，人类还是希望这款“智能仿生人”能够具备人的相应模样，甚至完全像一个真人。

“仿生学”仿自然界的一切生物，包括动物、植物、微生物，当然也包括人类。说到机器人仿生学，我们首先想到的是“仿人机器人”。日本的早稻田大学在1973年就开始了这方面的研究。北京理工大学黄强教授在2002年研发出了我国首个无外接电缆可独立行走的仿人机器人，这个机器人还能打太极拳。当时，在北京理工大学举办了国家863项目组验收。验收专家认为，该机器人项目在系统集成、步态规划和控制系统等方面实现了重大突破，标志着我国仿人机器人研究已经跨入世界先进行列。

在验收现场，我国首个无外接电缆仿人机器人的出场颇具神秘感。项目组成员首先在电脑上向专家们演示了这个仿人机器人具备的功能和能做出的各项动作，演示完成后在座的观众都被吊足了胃口，但是这个取名为BRH-01的机器人却始终在大幕布后面不见真面目。大约过了两分钟，幕布后面传来一声声的机械撞击声，大家都起身参观，但这个神秘机器人还是不愿从幕布后面走出来。最后，随着项目组负责人黄强教授的一声令下，幕布终于被缓缓拉开，BRH-01稍弯着双膝缓缓地走出来。研究人员在他的身后吊了一根钢丝以防止意外发生，钢丝被两个滑道钢轨牵引着，所以每走一步才会有机械撞击声。BRH-01走到场中间立定了，稍缓一下开始打起了太极拳，一招一式有板有眼，还真像那么回事。据黄强教授介绍，这个仿人机器人身高1.58米，体重76千克，具有32个自由度，每小时能够行走1千米，步幅0.33米。除了能打太极拳，这个机器人还会根据自身的平衡状态和地面高度变化，实现未知路面的稳定行走。黄强教授说："仿人机器人的出现能够代替人进行危险环境作业，如反恐、排爆等，当然也能做一个家政护理，如在医院看护病人和残疾人等。"2002年之后，黄强教授团队持续研发了多代仿人机器人，这些仿人机器人也有了名字，叫"汇童"。到第五代的时候，"汇童"已经能够打乒乓球，两台机器人对打的最高次数达到200多回合。最新的第六代"汇童"仿人机器人跳跃高度、快速移动等动态运动能力处于电机驱动仿人机器人国际领先水平，在国际上首次实现了"走跑跳滚爬摔"多模态运动。

日本在"机器人女友"研究方面一直处于世界领先水平。他们一代又一代推出很像女人的机器人。人类对理想的女朋友是有一些设计和幻想的，日本的这些"女朋友机器人公司"当然尽量按照人类最喜欢的样式来设计和制造。

这时候，人们很自然地就会想，她的头发应当什么样？她的眼睛应当什么样？她的皮肤应当什么样？她的身体里真的流淌着血液吗？她的整个身体框架，需要骨骼来支撑吗？她身体里的"通信系统"和人类的神经网络有相似之处吗？

今天的人们在创造"人形机器"的时候，也会很自然地这样"模仿"和顺应。从骨骼方面来说，机器人的骨髓分为内骨骼和外骨骼。内骨骼，参照字面上的意思，就是把骨骼布设在"身体"内部。内骨骼的好处是可以藏身在内部，当然也正是因为如此，它受到了很多局限。它必须足够小巧，还必须有足够的兼容性，才可能与其他组装材料更好地融汇。而"外骨骼"可能就随意一些，只要能够实现某一个方面的功能，它们可以在形状、色彩、体型上完全不顾"审美"的要求。比如，很多人特别希望帮助消防战士在野外背负起沉重的灭火装置，如果有一套外骨骼设备配合消防战士使用，在它自身重量比较小、体积又适合在林地间穿行的情况下，用它来成为“背包机器人”就能够在消防前线上更好地完成任务。而这样的设计，往往就需要有强大负重力的“外骨骼”机器人来实现。无论内骨骼还是外骨骼，都是为了实现不同的功能需求。完全可以想见，无论哪个国家，想要销售人形机器，尤其是成为人类生活伴侣的各种“机器人”，它的“骨骼”多半要藏身在“皮肤”和“血肉”里面。也许，人类自身的骨架已经是地球上所有科学家能想出来的骨骼的最佳搭建模式，他们只需要全盘模仿，并找到相应的材料来实现人的骨骼功能，就可以在身体里完成部署和拼接了。适合做“骨骼”的材料很多，把人类的骨骼进行材质分析然后仿造也是一种办法。当然，既然可以重塑，人类肯定不会只迷恋自身的特色，而会去探索其他更多的可能。在人类的想象中，它需要兼备多种性能，比如足够轻，这样可以更灵活；足够有韧性，这样能避免一碰就碎；足够“坚强”，才可能支撑完成任务所承担的重负；安全无毒无辐射，才能在与人相伴的过程中不会对人造成伤害。科学界一直有一个流派叫“新材料学派”，这个流派的研究人员一直在试图发现、组合、重新设计新型的材料，以便用这些材料生产出来的各种工具、器官具备原来所不具备的功能，甚至实现原来难以实现的梦想。在旧材料受到限制的情况下，要想获得突破，唯一的可能是去研究新材料。只有新材料才可能创造新的世界，酝酿新的生活。人型机器人可能不需要“血液”，但肯定需要“通信系统”，因为机器人最大的特点之一就是无时无刻不在通信。各个器官之间要互相通信以完成协作，各机器人之间要互相通信以完成互动，机器人还要与整个社会互相通信以获得“大数据”的交换。机器人之所以被称为“人”，有一个原因就在于它们必须是智能的。而机器人智能化有两大标志：一是海量的数据处理能力；二是快速的学习能力进而进化成灵活自如的决策能力。因此，在任何一台机器人身上，无论其外形长得像不像人，其内部结构中是一定有非常多的通信线路和数据处理模组，正是这些通信系统、数据传输系统、信息互动系统，让机器人在记忆性和决策力上早已超过人类无穷倍。很多机器人是“不穿衣服”的，甚至皮肤都不遮罩。因为，在实用价值得到充分满足而又没必要提升成本的情况下，很多人当然把实用性摆在第一位，而把审美价值摆在第二位。何况，“美”是没有边界的感觉，只要你具备相应的审美力，有皮肤的人是美的，没有皮肤的机器也可以是很美的。普遍来说，这种“没羞没臊”的机器人外形更多地会放在工厂和生产线周边。而面向终端也就是个人消费市场的机器人，多半会在外形装饰甚至化妆上下功夫，让机器人越来越像人。而要具备“人的形状”，就尽量要拥有人类的“天然皮肤”。在科学家眼里，人类的天然皮肤是非常奇妙的。外界的一点细微变化，皮肤都能够感知到。如外界有一点风吹，有一点日晒，有一只苍蝇或者蝴蝶停在皮肤上，“皮肤传感器”都能够明确地感知到，并且迅速做出反应。一旦皮肤碰到火，或是碰到针尖、毒刺的时候，还会条件反射地收回来。由此可见，皮肤确实极为敏感。世界上有一些科学家专门组建了研究团队，致力于发明“人造皮肤”，希望人造皮肤能够达到和自然皮肤一样的灵敏度。

斯坦福大学化学工程学院院长鲍哲南教授就在从事这方面的工作，并且取得了不菲的成就。她率领团队创造的“人体皮肤”，准确地说就是一种“电子皮肤”。它用一种柔软塑料配上电子传感器件做成。2010年，鲍哲南和她的研究小组制造出了能够感知微小压力的人造皮肤。一只苍蝇或者一只蝴蝶停留在皮肤上，这种“皮肤”就能够和人类皮肤一样感知到。这模仿的是压力对皮肤的影响，实现了初步的突破。2011年，她们又研制出了一种可以拉伸的太阳能电池用在人造皮肤上。这样一来，人造皮肤就具有自我发电的新功能。它既可以拉伸收缩，又可以自我发电，能够一直使用下去。2015年，她们让人造皮肤具有人类皮肤一样的触觉。2017年，鲍哲南和她的研究团队开发出一种导电性和拉伸性都很好的高分子材料。这种高分子材料运用在人造皮肤上，让人造皮肤向自然皮肤越来越近。虽然还没有完全“仿真”成功，但这样的研究成果在假肢、机器人、手机和电脑触摸式显示屏、汽车安全和医疗器械等方面，已经能够发挥很好的作用。比如，假肢上安装了这种皮肤，就有皮肤一样的感觉，行走的时候就能够感受到来自外界的各种刺激，并做出相应反应。再比如，如果人造皮肤装在方向盘上，驾驶员的手一旦离开方向盘，或者位置不对，人造皮肤就会发出警告，这样就能够减少车祸的发生。

哈尔滨工业大学机器人研究所李满天教授观点：帮“负重者”极大地减轻负担。“外骨骼机器人”的研制是个超级任务，它最想要首先满足的是野外作战的士兵。这些士兵要背负太多的辎重行军和作战。因此，有人就想，如果能够制造一种自动机器人化装置，替代他的手和脚，承受95%的背负任务，并与人体完全结合甚至通过“脑机接口”实现意念控制。外骨骼机器人研制中有一个关键问题是发动机，功率要强大，噪声要低到没有，为此，动力源和燃料如何组合，又成了新难题。21世纪初，美国曾经有公司宣称，研制出了一种可佩戴的、能量自动化机器人的原型机，但一直未见其商业化产品展示和推广。有资料说，美国伯克利大学机器人和人体工程实验室负责的美军“伯克利下肢末端外骨骼”项目里，曾研制出了相关的“电子腿”装置。这种装置由背包式外架、金属腿及相应动力设备组成，使用背包中的液压传动系统和箱式微型空速传感仪作为液压泵的能量来源，以全面增强人体机能。这种外骨骼机器人，能保障士兵在平面或斜面上行走。日本筑波大学的科学家和工程师们曾经研制出了世界上第一种“商业外骨骼机器人”，或者更形象地称为“混合辅助腿”。这种装置能帮助残疾人以每小时4千米的速度行走，也能帮助他们毫不费力地爬楼梯。使用过程中通过自动控制器来控制，不需要任何操纵台或外部控制设备。它由背囊、内装计算机和电池的一组感应控制设备、4个电传装置（对应分布在髋关节和膝关节两侧）组成。这种帮助人行走的外骨骼动力辅助系统配备较多的传感器，如角辨向器、肌电传感器、地面传感器等，所有动力驱动、测量系统、计算机、无线网络和动力供应设备都装在背包中，电池挂在腰部，是一个可佩戴的混合控制系统。为了照顾佩戴者的舒适性，它们在“人体工程学”方面还下了不少功夫。我国在这方面的研制也并不落后。2020年，航天科工集团二院某研究所就研制出一款“脑机外骨骼机器人”。穿上这款“盔甲”，瘦弱的人会秒变“大力士”。这款“脑机外骨骼机器人”有一个“头盔”，戴上它，使用者的视野中便出现详细的操作界面，不用说话，只需用目光选择“搬运”功能后，中央处理终端便迅速捕获使用者意图，“脑机外骨骼机器人”就能辅助使用者轻而易举地搬起50千克的重物。项目负责人张利剑是一名副总设计师，他说：“脑机外骨骼机器人能够识别视觉皮层产生的脑电信号，从而实现意念控制。最初的研发灵感源于10年前的一次国外观展经历。”在那场展会上，张利剑第一次接触到“外骨骼机器人”。现场，外方技术人员运用“外骨骼机器人”轻松搬运重物的场景令他印象深刻。当时，这项技术在国内还处于一片空白。张利剑勇挑重担，成立攻关组。在样机测试过程中，张利剑发现“外骨骼机器人”无法辅助人上下楼梯。他先尝试在机器人手部安装控制开关，经过试验，这种操作方式在搬运货物时十分不便。之后，他又试着用声音控制，但声控系统反应迟缓。就在大家一筹莫展时，张利剑提出一个新颖的想法——用脑电信号控制机器人。虽然脑电信号传输速率快，但容易受到干扰。有一天下班回家，张利剑随手把金属头盔扣在手机上，手机信号彻底消失。这时候，他大脑里萌发出一个想法：“如果将信号接收器镶嵌在头盔内部，脑电信号受干扰的问题不就迎刃而解了吗？”几天后，“脑意识头盔”成功诞生。使用者只要戴上“脑意识头盔”，产生的脑电信号就能指示外骨骼机器人按其意念开展动作。此后，张利剑带着“脑机外骨骼机器人”参加“世界机器人大会”，并一举斩获“BCI脑机接口大赛创新创意奖”。相信在不久的将来，经过不断改进升级，质量更轻、功能更强、信息化程度更高的新型“脑机外骨骼机器人”会成为未来市场应用的“新宠”。机器人产业要想实现“投资自由”只有一个办法，就是永远对社会需求和未来方向精准把握，及时捕捉，随时迭代和调整。

11 机器人与人能否自由组合

早在2015年，一些关注国际国内形势的新潮人士在上海聚集。他们一起讨论了一个问题：人类与机器人会出现什么样的发展趋势。

聚集者采用开放式“世界咖啡”的讨论法。他们分成小组，想象不同的小组就是一张咖啡桌、一张茶桌，小组成员之间可以互相流动，你想到什么，都可以尽情地往大白纸上书写。在各小组负责人向所有聚集者汇报“讨论成果”的时候，有一个小组共同决定隆重推出一个概念：机器人与人类在未来有可能结婚。这其实包含着一些非常大胆的推测。比如，人类在那个时代，仍旧需要婚姻。否则，当结婚本身都变得不必要的时候，机器人即使与人类生活在一起，也未必是“婚姻状态”了。因为聚集者在讨论时发现，当我们越来越密切地感受到机器人参与人类生产、生活的各个空间时，当人类以为设计、生产和控制机器人在为人类提供周全而细密服务的时候，人类可能正在被机器人“反控制”。有一个问题瞬间让世界变得蹊跷起来：是我们在自己身体里添加了机器，还是机器往自己身上添加了思想?

很多机器人在设计的初衷，是为了帮助人类过上更美好的生活。比如手术机器人，是希望帮助人类完成此前不可能完成的超细微手术；比如血管清理机器人，是希望能够帮助人类把血管的淤积疏通。

但人类同时也在做很多反过来的事，人类在想方设法往机器人身上添加各种“智能元素”，让机器像人一样思考，或者让机器能够与人类的思考同步，捕捉人类的思考和决策的信号。这时候，到底是把人接上机器，还是把机器接上人，界限就已经非常不清晰了。

2018年7月的百度开发者大会上，百度公司创始人李彦宏现场发布了中国首款云端全功能AI芯片“昆仑”。

昆仑芯片是百度自主研发的云端AI通用芯片，为深度学习、机器学习算法的云端和边缘端计算而设计，可广泛应用于计算机视觉、自然语言处理、大规模语音识别、大规模推荐等场景。这款芯片具备高性能、低成本、高灵活性、自主可控的特点，可以支持所有的人工智能应用和场景，广泛应用于互联网、工业制造、智慧城市、智慧交通、科研等领域。百度“芯片”产业案例表明，机器人无论是从头脑，还是操作系统，还是身体的各个部件，都正从自身的角度全方位产业化，进化速度越来越快，推出的市场化产品越来越完美；耦合在一起后，被社会接受度越来越高。

芯片、硬件、操作系统，似乎都在不同的关键技术岗位完成自己的进化与升级。为此，对“社会人”来说，他们感知的是一个机器人时代的悍然逼近。他们不得不开始认真地考虑，人与机器人究竟会产生什么样的“终极关系”。人类在自己的身体里试图植入各种“机械设备”与人类在机器人身上添加各种智能和人性化的元素，二者有时候看起来已经非常没有界限。假如一个人只有头脑，其他部位都是机器部件？这种算机器人还是人？假如机器人添加了人类的心脏来启动，并有人造血管等实现全身的血液流通，并且进行新陈代谢，这样的机器到底是人还是机器？很多人被这些问题折腾得云里雾里，一时间尽有些难辨东西。其实，很多科学家早就开始试验“脑机接口”了。当然，科学家的思考和实验有时候是秘密的，脑机接口真正变成一个公众话题是在21世纪之后，尤其是在2020年8月29日，美国企业家埃隆·马斯克发布了脑机接口设备的那一刹那之后。

从科学定义上来说，脑机接口有时也称作“大脑端口”或者“脑机融合感知”，它是在人或动物脑（或者脑细胞的培养物）与外部设备间建立的直接连接通路。在单向脑机接口的情况下，计算机或者接受脑传来的命令，或者发送信号到脑，例如帮助视频重建，但不能同时发送和接收信号。而双向脑机接口，允许脑和外部设备间的双向信息交换。也就是说，人脑或者动物脑的信号要被机器识别，机器的信号也要被人脑或者动物脑读懂。“脑机接口”这一概念早已有之，1928年就有科学家提到过，但直到20世纪90年代以后，才开始有阶段性成果出现。2008年，美国匹兹堡大学神经生物学家宣称，利用“脑机接口”技术，猴子能够操纵机械臂给自己喂食。2020年8月的一天，马斯克进行了脑机接口新设备的现场直播。有人说，这场期待已久的直播承载了人类对未来新世界的幻想：人机交互，脑机相连，人类与智能设备共生。在发布会上，马斯克讲到，脑机接口最本质的就是“连线”问题。而为了实现理想而通畅的连线，保障动物大脑与计算机大脑之间随时互联互通，互相领会，马斯克和他的团队研发出来的神奇设备只有硬币大小，可以直接嵌入头脑内部。这个新设备就像大脑里的“纽扣电池”，可以用手机里的APP控制，而且安装者看起来很正常，只是头发下面多了一个小创口。马斯克自豪地说，生产设备的这家公司已经获得美国FDA批准，可以在人脑上进行实验。在这个发布会的前一年，马斯克的公司发布了一个耳朵后面的设备，但新的设备更为简便，手术时用专用的植入设备，把一块硬币大小的头骨弄出来，用“超级胶水”一粘，重新放回脑内。手术结束后，“安装者”就可以到处走了。

机器人、互联网和人工智能的高速发展，让数据的获取、存储、分析达到了前所未有的境界。大数据与人工智能技术正在相辅相成、相互促进，并逐渐跳出互联网，为社会上所有的行业赋能。假如工业时代的核心概念是“资源”，那么，信息时代的核心概念必然是“数据”。数据已成为个人、企业乃至国家的核心资产。接在数据智能高速公路上的科技创新，必将重塑以往的产业逻辑。

西安交通大学徐光华教授提出了脑机协同混合智能对视力的改善。西安交通大学研究团队最近的研究成果表明，脑机协同时代，

“脑机接口机器人”有望改善人类的视觉。统计数据表明，全球有20亿以上的人有视觉损伤。而在中国，视力问题更是困扰很多人的生命健康。先进的脑机协同技术有希望从婴幼儿时期帮助一些人改善视力。2019年秋天，国际“红点概念设计奖”在新加坡举行颁奖典礼。西安交通大学机械工程学院团队的作品“婴幼儿弱视脑检测仪”在全球48个国家的4 218件参赛作品中脱颖而出，获得评审组20余位设计界巨擘大师的一致青睐，最终夺魁。“婴幼儿弱视脑检测仪”是基于脑机协同理念，持续研发出来的实用技术产品。它针对婴幼儿弱视早期筛查困难的问题，采用自主创新的脑机接口技术，经过两年多的研究攻关与设计创作完成。如今的儿童弱视要通过视力检查、眼位检查、立体视检查、屈光度检查等多个步骤才能确诊，流程繁琐、耗时耗力，“婴幼儿弱视脑检测仪”可在6分钟内轻松、无损地检测儿童的弱视程度，为早期筛查视力障碍提供了有效而直接的手段。该设备由眼动仪、虚拟现实眼镜、脑电信号记录平台以及数据分析和管理系统四个集成组件组成。虚拟现实眼镜将患者置于虚拟现实场景中，可实现视觉刺激范式的双眼分视效果；眼动仪实时跟踪患者眼球运动的位置；脑电信号记录平台可收集视觉诱发的脑电信号，并发送给数据分析和管理系统，使患者和医生可随时随地访问和共享数据和信息。通过监视和跟踪患者的病情，医生可远程提供及时有效的诊断和治疗计划，为患者节约时间成本。“婴幼儿弱视脑检测仪”一方面较为理想地解决了婴幼儿弱视早期筛查困难的问题；另一方面极大简化了医疗流程，其核心技术“脑机接口”可推广至其他医学领域，在医患之间架起一座平和沟通的桥梁。2003年左右，西安交通大学“智能检测与脑控交互”团队成立，向一个未知的全新领域迈进，开始探索脑机接口技术。脑机接口（brain-computer interface, BCI）技术在人的大脑与计算机之间构建了一个交流通道，计算机通过信号扫描，用以检测、读取大脑里的信息和数据。他们的实验室有一款先进的“脑控人机交互设备”，可用意念指挥轮椅，靠眼睛控制拼写设备，有主动捕捉大脑意识帮助脑卒中患者康复的训练设备等。可以说，脑控技术实际就是一种“意念控制术”，即在大脑与电脑之间通过“协议”，修建一条“信息高速公路”，路上往来川流的“汽车”便是信号，通过反馈、调节等机制，让仪器对脑电波进行捕捉、识别，传导并指挥配套设备开始机械运行，实现主动的康复训练。脑机接口技术分为侵入式和非侵入式两个类别。侵入式需破开颅骨，植入芯片，直接进行神经元信号采集；非侵入式通过外部设备接收大脑不同区域的神经元电活动，间接获取大脑信号，徐光华教授团队主攻的是非侵入式信号采集。非侵入式脑机接口的实现步骤分为信号采集、信息解码、信息再编码、反馈四个步骤。因是间接信号采集，如何保证采集准确性并获取特征信息显得尤为重要。经历了几百次试验，无数次编程、调试、再推翻，徐光华教授团队在十多年科研历程中终于孕育出了一套行之有效的脑机控制流程。具体到“婴幼儿弱视脑检测”，团队面临的挑战更加艰巨。弱视是指在眼部无器质性病变的情况下，矫正视力低于正常视力值的情况。弱视的形成多可归因于知觉、运动、传导及视中枢等原因未能接受适宜的视刺激，使视觉发育受到影响而发生的视觉功能减退状态。因此，单单依靠“眼部病变检测”并不能达到识别弱视的要求，需要通过对大脑皮层中枢神经的检测才能确诊。而婴幼儿由于其年龄特征，不可避免地存在语言交流困难、行为引导困难等问题。在探索过程中，团队在原有的脑机检测设备中加入虚拟现实眼镜，既可以实现弱视检测的双眼分视效果，又可与虚拟现实多源信息相融合，实现了检测过程的有效性与趣味性。

12 人与机器人怎样优势互补

有整体研究“机器人”的专家吗？似乎有，又似乎没有。更多的时候，社会上看到的是研究机器人各个“关键技术”“关键部位”“关键能力”“关键材料”的专家。这是社会分工的必要与优势，也是社会分工的局限与缺陷。当我们访谈一位机器人专家的时候，这个专家往往只能谈他最用心或者最擅长的方向。

在研究机器人的专家群体中，当然需要有专长于各关键技术的人，同时，也需要一些系统集成的人，需要一些从机器人整体耦合能力、综合发展方向进行持续思考的人。这样的人，可能未必在某个领域有专长，甚至未必是科学家，但他起的作用是很关键很重要的。回想机器人的发展史，最早提出“机器人”这个概念的不是科学家，而是文学家；最早想象机器人与人如何共生的，是像卓别林这样的喜剧大师；最多探讨人类与机器人关系的，是那些拍摄电影的导演、演员和制作公司。

在今天，如果我们走进工厂，发现某台“工业机器人”在特别辛苦地工作，其实它只是人的某个功能的持续放大而已。比如牛奶流水线上的机器人，可能是人类“手”的功能的放大。比如搬运机器人，可能是人类“脚”的功能、“力气”的功能的强化与延伸。比如喷洒农药机器人，只是无人机或者说小飞机的飞行功能与载物功能的突出与应用。更多的机器人，都只是在单一的功能上得到特别突出和极度强调，其他的功能都是配套或者辅助。机器人研究和发展，大体上可以分为两个阶段：一是确定性阶段；二是不确定性阶段。或者可分为逻辑阶段和情绪阶段。确定性的程序和路线对机器人来说都不难学习。而面对不确定性环境的程序和指令，就需要庞大的数据量、强大的运算能力了。因此，有不少人仍旧认为，人工智能、机器人到现在只是处于大数据积累期而已，本质上并没有特别新鲜重大的突破。

人类面临的不确定性状态很多，外部的生存环境是不确定的，内在的心理情感情绪也是不确定的。要应对这样的不确定性状态，机器人唯有在“深度学习”过程中结合“人工神经网络”，保持着对强大地面不确定性、拥抱不确定性、创造不确定性的状态和本领。或许，从确定性走向不确定性的过程，在“华智冰”身上会有可能体现出来。华智冰很像一个人的名字，但她并不是人，而是中国首位原创虚拟学生。

2021年6月，清华大学“录取”了一位名叫“华智冰”的女学生。她入学之后就“开启”了在清华大学计算机系实验室的学习和研究生涯。刚入学的华智冰，由北京智源人工智能研究院、智谱AI和微软小冰联合培养，师从智源研究院学术副院长、清华大学教授唐杰。当前，人工智能正由感知智能时代向认知智能时代迈进。华智冰可以实现可持续学习，除了会作诗、绘画外，还具有探索能力，希望未来还会编程。

此外，华智冰还具有一定的推理和情感交互能力。唐杰表示，“人工智能的未来是主体化，具有自主意识，但要实现这种能力，至少要50年以后。当前还处在从算法向主体演化的过程。”

当我们谈论机器人的时候，其实我们是在夸赞它的某项特别功能。当然，也有很多人试图把机器人各种特长组合到一台机器人身上。优势互补以更优，强强联合以更强。

想象一下，未来战争如果真的发生，人类为了珍惜生命，肯定只能派出“机器人上战场”。这样的一台机器人，就需要具备更多的综合能力。如果它是独立战斗，那么它的视力要非常好，它的远程定位能力要非常强，它射出的“子弹”要死死地跟踪目标不放，它的越野性能、通过障碍的能力要非常强，它的隐身能力也要非常强，这样才可能避免被对方的机器人发现。如果它是在人类战士的远程操作下参加战斗，那么，它的通信能力必须非常发达，才可能在任何条件下都能够与它的“操作者”保持畅快的指令来往。同样地，假如一家机器人生产企业在底盘制造技术上非常好，它的技术当然可以应用到专注于视觉服务的产品上，也可以应用到野外拍摄的自然摄影机器人身上，还可以应用到巡检安保机器人身上。假如一家机器人生产企业擅长做垂直立面的“爬壁运动”，那么，给它安装喷漆的喷枪，它就能成为喷漆机器人；给它安装侦听装置，它就可以像侦察员那样吸附在飞机的机舱外，听取机舱内恐怖分子的微弱声音。机器人技术的进步是各个关键技术“同时进步”的耦合结果，也与社会上其他应用的发展息息相关。比如很多人相信，在6G时代，就是“天地之间无覆盖通信”的时代。在那个时代，天上数万甚至数十万颗低轨道卫星组成的星网、星链全方位无死角地保障了地球上每一个位置每个人的通信自由。那时候，机器人之间的通信能力自然也就随之提升了。就如二维码技术，早在很多年前就已经被人类发明了，并在小范围应用，但真正的大规模应用甚至无所不在的应用，却是在智能手机普及、移动互联网全面提速的时候。机器人研究的专家和企业，必须有随时感知社会其他领域进步的意识，并把社会上的进步及时应用到机器人身上。这样，原先的障碍才可能不成为障碍。芯片是控制机器人系统的一个部分。随着人工智能的发展，机器人身上各种类型的芯片越来越多，同时独立能力越来越强。一台机器人身上可以说有多个“中央处理器”，这就减轻了一个中央处理器的计算负荷，同时也让不同的数据可以分配给不同特长的“特色处理器”进行运算。就工业机器人来说，正由单打独斗向联网协作演进。此前，一台工业机器人需要搭载包括微控制器芯片（MCU）、数字信号处理芯片（DSP）等芯片。工业机器人单支机器手臂中，内建的控制器约有八成为MCU芯片。MCU即微控制单元芯片，又称单片机，目前市场上以8位和32位的MCU为主。在工业物联网这个整体化的大概念下，类似机器人等物联网中的设备和端口开始大量用到芯片。

物联网的发展，导致每个物联网设备和端口都至少需要用到一个甚至多个MCU，才能更好地实现整体化、数字化的运营管理。因此，作为智能工厂中重要的控制和传输部件，包括工业机器人在内的许多设备的芯片需求陡增，并开始朝着多元化、高频率化方向发展。随着“分布式计算”的迅猛发展，随着不同“配件”自身的智能化需求，工业机器人等设备要用到的芯片类型越来越多。按类型来说，机器人芯片包括感知、决策、传递、记忆、运动几大类功能。原先，工业机器人芯片大多用于本体控制，但如今，有的厂家也希望机器人不仅需要做到可编程、拟人化、通用性，同时还需要具有记忆能力、语言理解能力、图像识别能力、推理判断能力等人工智能，这就使得机器人需要搭载各种有获取外部环境信息能力的传感器。这种状况促使各类芯片在机器人上更大面积地应用，各类芯片需求随之增加，导致其中一些芯片订单是产能的4倍，价格从100多元涨到1 000多元，交期也从原本的十几周拖到了二三十周以后。在以前，“显示芯片”（GPU）是不受重视的，1999年，英伟达公司认为，图形显示必然会成为人工智能发展的重要潮流。因此，该公司全力推进图形显示芯片的研发和制造。他们的预感在后来得到了证实。他们的提前布局在几经跌宕之后最终获得了市场的认同。今天，以显示芯片为核心的“显卡”已经从声卡中独立出来，并成为影响人工智能发展的重要力量。“显示芯片”获得独立的发展空间之后，与中央处理器（CPU）基本上实现了各自负责相应计算的功能。这样，一台机器人或者人工智能设备上拥有独立计算和处理能力的芯片越来越多，“并联计算”的速度越来越快。在量子计算机还没有完全成熟的时代，这种多个独立自主芯片的设计和布局方式，在提升机器人“算力”、提升机器人处理数据的速度上起到了非常重要的作用。

机器人大讲堂联合创始人潘月观点：新冠肺炎疫情刺激机器人产业加速发展。近年来，全球机器人产业进入迅猛发展阶段。在餐饮、公共服务、物流运输等领域，已经有越来越多的机器人参与其中。与此同时，商用机器人的研发进程也不断提速。2019年底新冠肺炎疫情的发生，反而推动了机器人应用的快速发展。

统计数据显示，2020年全球机器人市场规模为250亿美元，约合1 600亿元人民币；预计到2030年，该数字将增长至2 600亿美元，约合1.7万亿元人民币。多少年来，许多企业的管理者都号称要实现运营自动化，但却没有多少实质性的投入。但如今，新冠肺炎疫情改变了一切，他们似乎意识到了什么，开始加快向这一领域注资。一场浩浩荡荡的“自动化大潮”正在涌来。美国特斯拉公司正在加速研发一款“人形机器人”。该机器人可以帮助人类规避危险、重复和乏味的工作。据介绍，该款机器人身高1.73米，重57千克，具有一双堪比人类还灵巧的双手。

2021年7月1日，全球知名网络电商亚马逊公司表示，将在芬兰建设一座全新的仓储中心，为旗下一款“物流机器人”提供人机磨合的训练场。8月24日，韩国三星集团宣布，增加投资240万亿韩元，约合1.33万亿元人民币，加大包括机器人技术在内的多个科技领域的研发和投资力度。虽然“高端智能机器人”是全球各大企业乃至各国争相研发和投入的方向，但目前技术最成熟、应用最广泛的依然是“工业机器人”。它们是一种拥有多关节机械臂且能自由转向的机器装置，能够助力电子、物流、化工等行业提高生产效率。比如，给卡车卸货是仓库运营中少数迟迟未能实现自动化的部分之一，这样的情况已不会持续太久，新一代“货物装卸机器人”已经准备好开始工作了。有报道说，美国大型科技公司霍尼韦尔的机器人部门已经研制出一种可以安装在卡车后部、大小与一辆车相仿的装置。该机器人有一个装着很多吸盘的大机械臂，可以一次抓起几只箱子，把它们送到传送带上，或者把堆成一整面墙的箱子送到传送带上。霍尼韦尔希望等到技术完善后，一名操作员就能监督机器人从三四辆卡车上同时卸货，每个机器人每小时最多能卸货1 500箱。要知道，现在一名工人每小时只能卸600~1 200箱。这种机器人也有缺点，它不能轻松区分每只箱子，不能识别并确认不规则物体。它最适合处理大小和形状一致的箱子。美国波士顿动力公司推出的一款仓储机器人则比霍尼韦尔的机器人更小、更灵活，可以轻松移动。它那个装着传感器和吸力抓手的机械臂，最多能抓取25千克左右的箱子。它可以区分包装箱的大小和形状，并能够处理各种形状的箱子，只是处理速度相对慢一些，每小时最快可以处理800个盒子。所有的企业都理解，“自动化”只是它们的最低要求。疫情的长期影响促使全球诸多企业更全面地利用自身业务生成数据和预测性算法，来辅助指导因疫情所导致实时变化的消费模式。欧洲一家大型零售商旗下的一个部门经常缺货，一家大型数字咨询公司帮助他们把库存预测改为自动化，它可以帮助该零售商的100种最畅销商品在98%的时间内都不会再缺货。这样的变化不仅发生在车间或者前端，一些致力于推广企业后台“流程自动化产品”的全球销售额有希望从2019年的16亿美元暴增至2027年的近200亿美元。企业并不只是想回到疫情前的运作模式，而是在借用机器人和人工智能完全重构自己的运营方式。知名智库麦肯锡公司的一项最新调查发现，全球约2/3的企业正加倍押注自动化。日本机器人制造商发那科公司在疫情期间占得了先机。由于供应链受到打击，制造商被迫设法提升灵活性。因为，最灵巧的机器人可以摘取非常娇嫩的东西，比如草莓。市场对发那科研发的机器人需求激增，尤其是在电子商务等受疫情极大推动的行业。疫情尚未消退的情况下，机器人的出场有助于保持人与人必要的社交距离。因此，“无人服务”也正在成为全世界都普及的浪潮。而要实现无人服务，前端的智能设备、中间的网络联动、后台的数据存储，以及分布在隐秘角落的云计算，都必然要以超速度的方式生产、布局和列装。

新一代柔性协作机器人xMate CR系列

第三章　特种机器人的特别作业能力

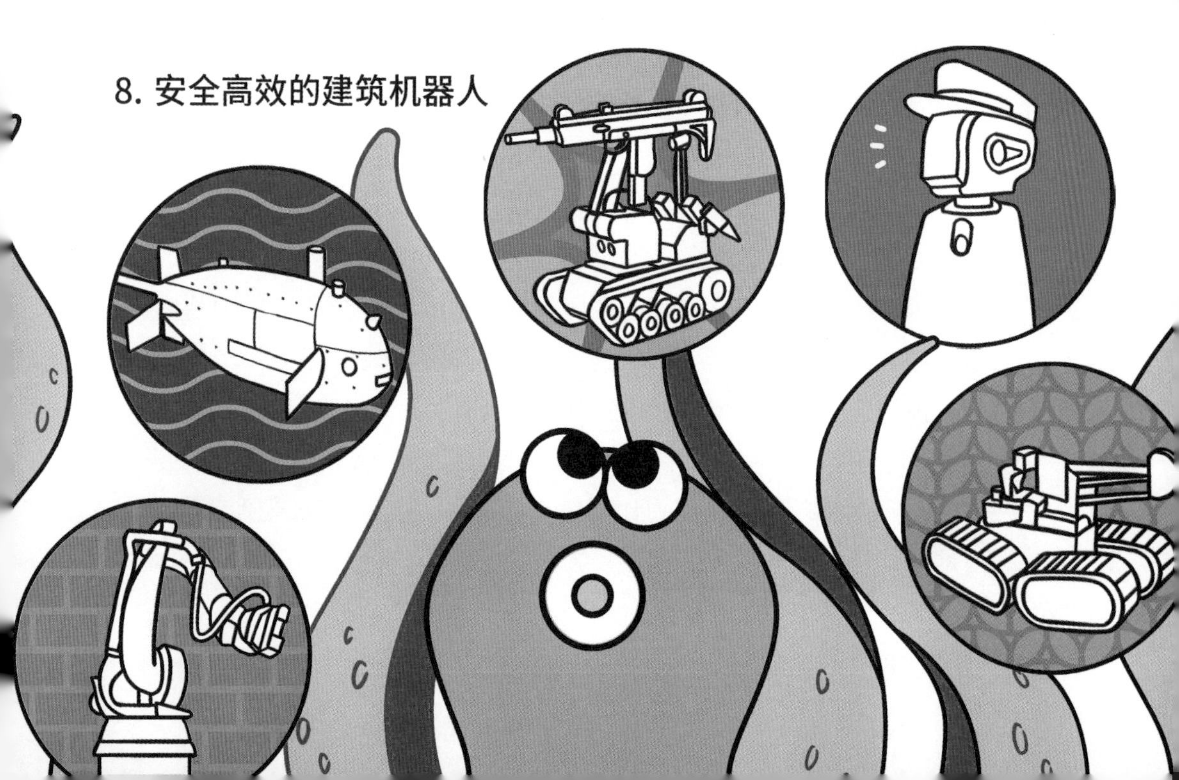

章鱼变成水下机器人会怎样

机器人的特别之处，往往来源于一些特别的想象和创意。比如，有很多科幻家认为，章鱼极有可能是外太空生命派过来的“仿生机器人”。章鱼是一种软体动物，也是无脊椎动物。它的外形可能未必比其他海洋生物奇特，但它经常显得比其他海洋生物“智能”。一般生物只有一个心脏，而章鱼体内有三个心脏——像有多个电机的服务器。绝大多数动物只有一个大脑系统，而章鱼有两个大脑系统，其中一个大脑系统负责控制头部，另一个负责控制触手——像“双核芯”笔记本电脑。这样的结构让章鱼能够非常及时地察觉周围环境的情况然后迅速做出反应。章鱼全身上下的神经元数量至少超过5亿个，它是海洋生物中神经元数量最多的生物之一。这些神经元不仅帮助章鱼快速建立反射线路，还让章鱼拥有超强的学习能力。

章鱼的变形能力超强。它可以轻易地改变自己身体的形态，因为章鱼本质上是“软体动物”，不存在骨折和身体僵化的问题。它能够在大脑的控制下随意改变形态，它可以伪装成海蛇，伪装成水母，伪装成令天敌害怕的动物，以此逃避天敌。章鱼拥有3.3万个蛋白质编码基因，比人类还多。更多的蛋白质编码基因使章鱼拥有更多的蛋白质生成方式，生成的蛋白质种类也更多样。从宏观角度上来看，章鱼的身体构造、智力表现等都与蛋白质编码有关。章鱼还具有编辑RNA的能力，它的RNA肩负总指挥和传递信息的任务，这种直接通过RNA进行蛋白质编辑的能力让章鱼拥有更强的进化能力，意味着它们对地球环境变化的适应能力更强。估计这也是为什么章鱼经历了几亿年仍然不衰落的原因。

拥有以上各种超乎寻常的“体能和智能”，章鱼的聪明程度、适应能力超出大多数人的想象。它们能够制定计划、使用工具、擅长伪装等。

加拿大一位长期研究章鱼的专家，观察到章鱼捕捉螃蟹后将它们带回巢穴，它并没有立即吃掉猎物，而是转身冲到洞穴外用触手抓起石头，一块块地堆积在洞穴门口，形成一堵石墙将洞口堵住，然后转身享受自己的美食。一些科学家试图模仿章鱼出色的能力和智力研究“章鱼机器人”。2015年，英国南安普敦大学和美国麻省理工学院组建了一支联合团队，开发出一种类似章鱼、能在水中收缩并以超快速度推进和加速的机器人。他们发现，章鱼之所以能够实现快速推进和加速，是因为它可以先利用海水来填充自己的身体，然后快速将水喷射出去，从而为身体产生推力，实现快速逃逸。联合团队据此研究出一架体长只有30厘米的仿生机器人，它仿照章鱼快速推进的原理，能在吸水后迅速将水发射出去，以获得向前运动的推力。因章鱼而研究出来的水下机器人，是“特种机器人”中非常重要的一个类型。

2 作战需要哪些特种机器人

在著名军事家粟裕看来，未来的战争一定是高技术的战争。他的儿子粟戎生，20世纪80年代参加老山战役时，谨记父亲的话："作为军队的高级干部，所要做的不是指挥前线部队，而是对部队的部署，对战争形势的把握以及对战场的了解。因为，战争赢在战前！谁能够在战前掌握越多的信息，谁就能占据主动，谁就能获取最终的胜利。"要想赢在战前，就需要掌握最全面、最真实、最彻底的信息，但是老山前线地形异常复杂，敌人又十分狡猾，能够掌握的情报很少，粟戎生素来肯动脑筋，他马上想到高炮打靶时使用的航模。在中国还没有无人侦察机的时候，对敌实施空中侦察就得土法上马。粟戎生带领几个搞过航模的技术人员，把可以遥控的航模和照相机送上空中，在敌人的头顶上安装了一双巡航的火眼金睛。在中国，把无人侦察机应用于实战，粟戎生是第一人。这可能是中国无人机上战场的第一个实用案例。

中关村融智特种机器人产业联盟秘书处办公室一直在免费分发一本科普著作《机器人上战场》。这部书内容中强调特种机器人优先服务的领域是战争。2021年10月20日凌晨，叙利亚霍姆斯省和伊拉克交界处的美军坦夫镇基地遭到空袭。当时，有5架武装无人机和1架自杀性无人机参加这次空袭行动。这些无人机向美军基地发射大批精确制导导弹，袭击目标是美军基地的士兵宿舍，现场爆炸燃起大火。而在2021年10月19日，伊朗革命卫队一位航空航天指挥官称，就军事潜力而言，伊朗武装部队在该地区处于领先地位，尤其是在导弹和无人机的储备方面。连续几个月，伊朗控制的武装力量多次使用武装无人机，越界袭击了伊拉克境内的多个美军军事基地。

2021年2月，伊朗公布了一种轻型武装无人机，它的航程达3 000千米，起飞重量300千克，最大航速700千米/小时，可以挂载电子侦察吊舱、副油箱，以及精确制导炸弹、空对地导弹等武器装备。它们已经装备在伊拉克、叙利亚等国的伊朗系武装力量中。从上面的案例可以看出，世界各地稍微有些实力的国家，都在研究甚至应用与战争有关的机器人。这些国家显然都有一个共同的预判：假如再发生战争，一定是机器人之间的竞争与对攻了。

世界各国都优先把最尖端的技术用于军事上。有些人甚至由此相信，真正掌握一个国家技术先进度的，其实都是军方或者说为军方服务的那些科研机构和高科技公司。在世界全面进入科技化的时代，科技水平往往意味着一个国家的军力水平。因此，各国的军事装备和军事科研，往往代表一些先进尖端技术在这个国家的最高级别应用。很多人因此喜欢以“军用技术”作为标榜其技术出身的广告。这样的“执念”是有一定的真实力量为依托的。2021年6月18日，中国知名新闻精华类报刊《参考消息》报道：美国《国家利益》双月刊网站6月16日发表题为《美国陆军为未来的机器人战争做准备》的报道称，在一次“机器人战车”实弹演习中，机器人（无人战车）用机枪、榴弹发射器和反坦克导弹发射器向一系列目标开火。这是为支持美国陆军未来作战行动而整合一支新的地面武装机器人部队的关键一步。这类机器人的加入，将显著改变美国陆军的战术、机动编队和跨领域作战行动。当然，在使用致命武力方面，人类拥有最终决策权。美国陆军未来司令部下一代跨部门小组负责人罗斯·科夫曼少将介绍说：“我们真的用这些机器人发射了实弹。到目前为止，我们已经证明不仅这些机器人运转非常顺利，而且它们发射的弹药也非常精确和有效。”此次实弹演习由“轻型机器人战车”和“中型机器人战车”两个项目团队完成。这两个相互关联但彼此有别的美国陆军机器人项目团队希望帮助向敌人进攻的地面部队提高自动化水平、提升武器攻击和监视能力。科夫曼解释说，在实弹测试中，传感器、有效载荷和武器一体化的表现超出预期。他还说："（射击）稳定性增强了，（武器）射程也扩大了，而我们之前认为这些是不可能做到的。"

这些机器人的设计符合相应的技术标准，能够实现传感器的快速整合，也能实现升级。这样，当新的威胁出现时，它们就能实现软件更新和新武器安装。科夫曼说："它的潜力是无限的。他们希望这些机器人可以搭载任何载荷。因为不同的东西都可以在机器人上即插即用，所以载荷与机器人之间的接口实际上非常强大。"科夫曼解释说，由于跨领域网络的发展和连通性加强，机器人的指挥和控制可以由步兵、大型载人车辆甚至空中平台完成。为了优化有人与无人协作的可能性，这些机器人在设计时使用了先进的、依靠人工智能的计算机算法，旨在实现逐步扩大的自主性。机器人传感器无需人类干预也能完成导航、传感、网络和数据分析等任务。科夫曼解释说，通过辅助目标识别等系统，机器人可以自己发现、确认和获取目标并进行自动避障演练，但人工指挥和控制仍然大有裨益。

从以上报道可以看出，军用机器人首先要完成的技术进步、技术革新，必须能够直接应用到士兵身上，必须能够提升士兵的单兵作战能力进而提升整体作战单元水平。以陆军为例，所有士兵最需要掌握的单兵战术至少是四大项：一是射击；二是投弹；三是拼杀格斗；四是使用爆炸物。同时，又要学会联合行动，要求士兵在战斗中随时结成小组，或者二人搭档，或者三人小团，互相支援，一致对外。

从陆地作战来看，很多人会想到侦察机器人、射击机器人、投弹机器人、格斗机器人、电子干扰机器人、轰炸机器人、远程定位机器人等。从水上水下作战来看，当然会有各种各样的鱼形、虾形、蟹形机器人，以适应水体的状态，完成跟踪、追击和攻击方面的任务。从空中作战来看，查打一体、远距离射击、定点轰炸等技术最需要掌握。这样的想象可能是基于对方仍旧是用人力来投入战争的情景。假如，整个世界都同时进化了，进入战场的所有各方派出的都是机器人来上战场呢？这时候，战争的形式是野战？巷战？空战？海战？或者根本上，战场都不在那些地方了，完全在互联网上，在虚拟世界中，靠人类的智商和想象力在驱动和竞赛？这时候的战争，进攻的双方是以消灭对方的人类为目标，还是以消灭对方的机器人士兵、机器人将军为目标？是以占领对方的领土为目标，还是让对方整个社会陷入瘫痪和混乱为目标？这是一些很值得思考的问题。它直接影响有些研究的必要性或者可行性。有时候，我们经常犯的错误是以现在幻想未来。而当未来真正来临的时候，根本不是现在我们幻想或者说设计、规划的样子。我们很多苦心研究出来的机器人可能永远派不上用场。它就是以这样的方式，以这样表面上有需要实际上可能永远不需要的状态，一直“特殊”地存在着。用最传统的方法来解释的话，军用机器人是指利用程序控制，让其模仿人的某些功能完成“军事使命”的自动化机械电子装置系统。

军用机器人可以分自主式、半自主式和遥控式。理想的情况下，它会被应用于以下几个方面：第一，直接参与作战行动，减少人员的伤亡和流血。包括固定防御机器人、步兵先锋机器人、重装哨兵机器人、飞行助手机器人等。第二，进行军事侦察。一般来说，侦察过程是一个危险系数相当大的过程。而用机器人从事这一工作则避免了不必要的损失。包括用于获取情报的战术侦察机器人、用于作战目标指示的引导机器人、用于无线电信号捕捉的电子侦察机器人、铺路虎式无人驾驶侦察机。第三，从事修路、架桥、危险地排雷和布雷等工作。如多用途的机械手、排雷机器人、布雷机器人等。此外，军用机器人还可用于指挥控制、后勤保障、军事教学和科研等方面。

2021年5月，中关村融智特种机器人产业联盟组织了一次党建活动，专程参观位于北京昌平的“轻武器博物馆”。通过这次参观，结合预测机器人在战场上的发展趋势，访谈了一些军事科技方面的专家。很多人在谈论军用机器人的时候，谈论的背景却还是传统的战场

JP-REOD400排爆机器人

背景，只是局部地把机器人给军用化、智能化、高科技化。军用机器人的分类也还是习惯性地按照传统的分类法。从空间位置上分，有空中、地面、水下、巷道。从任务性能来分，有侦察、排爆、单兵无人作战平台、多人联合作战小组；有管后勤的，比如做饭、运输；也有负责救援的，比如机器人医疗队。还有一种分法是机器人的“独立性”，它是自己独立上战场？还是后面有人跟着上战场？或者是依靠无线通信远程指挥上战场？这有很大区别。

不管怎么分，我们都要考虑三种可能性。一是一方有武装机器人上战场，对方是不是也有武装机器人上战场？如果是，那就是机器人之间的战争。既然是机器人之间的战争，那么，他们的战场是否还是我们传统冷兵器、热兵器时代的那个战场？从这个角度展开思考，我们可能会发现，假如机器人需要上战场，它们上的战场可能不是我们过去认为的那个战场。社会的变化不会是局部性的，而是互相适应的。就如金融电子化的后果是，路边的那些无人取款机消失了，银行柜台的柜员消失了，而不是这些地方变得“更智能”了。汽车智能化的后果，绝对不仅是能源由汽油变成了电力，也不仅是有人驾驶变成了无人驾驶，而是人与车的关系变了，以后人类将可能不再需要购买汽车，所有的智能汽车都是“临时租赁”服务。智能给社会带来的改变绝对不仅仅是联网那么简单，而会带来整个社会结构、互相之间的关系、思考和行为模式的颠覆式变化。二是如果一方派机器人上战场，对方则仍旧用传统的“人力战术”，这时候，“高科技战争”与人力传统部队的战争当然高下立见。三是随着整个社会的全面和平化，军用机器人很可能与日常的生活保卫相融合。这时候，它们更像“警用机器人”。军用和警用本来在很多时候就难以区分，他们都是要在特殊条件下为特殊使命而在约定时间内完成特殊“作战”任务。人类天性爱好和平，战争都是人类发展过程中不得已的手段。只要战争能够避免，谁也不愿意贸然发动战争。从这个角度来说，军用机器人越派不上用场越好，甚至警用机器人都只成为摆设，都会更好。

有专家表示，机器人自主能力加上“杀人武器”一起“行动”的时候，其实很危险。如何确保它只服从命令？如何确保它拥有自主能力时不会滥杀无辜？

这位专家的担忧在现实中一度得到验证。2020年3月，非洲利比亚内战的战场上，一架土耳其生产的自杀型无人机在完全自主模式下攻击了一名参战士兵。一年之后，联合国安理会发布了针对这个事件的调查报告，强烈震撼了国际舆论。《新科学家》杂志称，这是有史以来第一例明确记录在案的“机器自主杀人事件”。这次的攻击是机器自己“思考”后决定并执行的。

根据生产这款无人机的公司介绍，“卡古”2是一种具备完全意义上“发射后不用管”的无人机，它基于人工智能的“深度学习”能力，不仅能自主识别和分类攻击目标，还具有群集作战的能力，它最多能实现20架无人机自主编队、协同攻击。

公众对机器人“深度学习”能力最为熟悉的一次“巅峰记忆”是

在2017年。当时，中国围棋棋手柯洁与围棋机器人“阿尔法狗”进行了一场“人机世纪大战”。结果，柯洁以三局全输的“战绩”完败给机器人，围棋界公认“阿尔法狗”的棋力超过了人类职业围棋的顶尖水平。从那之后，人类“深度理解”了一个概念，机器人已经不需要从人身上学习“经验和智慧”，它完全有能力按照自己的方式“自主学习”。

这台具备“自主攻击能力”的无人机，本质上也是人工智能“深度学习”能力武装后的机器人。只不过，“阿尔法狗”学的是“下棋”，而这款无人机学习的是“杀人”。对机器人来说，学习下棋与学习杀人哪个更难？我们人类无从知晓，只能猜测和围观。联合国的这份报告指出，这款无人机是运用“计算机视觉”来识别和选择“攻击目标”的。虽然智能汽车发展日新月异，但智能汽车所需要的自动驾驶技术水平还有待提高。它并不能“总是准确地识别”人员、车辆和障碍物，识别错误了做出的判断和反应也肯定是错误的。因为，对机器人来说，即使最简单的图像识别也需要海量的数据库和先进、高速的算法为基础。或许，这次无人机自主杀人事件是一次误判后的悲剧。随着无人机技术的更新和普及，有些人担忧起来了。他们说，当今世界，无人机缺乏相应的国际管制机制。一旦恐怖组织突破无人机自主杀人的相关技术，那么其制造的恐怖效应简直无法想象。斯蒂芬·霍金等科学界知名人士曾呼吁全球禁止研发“自主攻击性武器”，因为“越无情越残忍的技术，越不会等待人类的善心和防范”。

警用机器人都能干啥工作

按照目前制定的警用机器人标准，警用机器人的任务大致可以分为六个方面：协助警员执行侦查、打击、排爆、巡逻、安保、服务等警务任务。

人类为争夺资源与生存权而进行的“竞争”，或者说谋求的发展方式，一直有两种机制：一是很多人都在说的“优胜劣汰，适者生存”；二是很少有人想到但其实更重要的“合作共赢，适者生存”。“合作共赢”也是达尔文提出来的观念，但是却被人们长期忽视。它

警用服务机器人

可以说是一个极为重要的进化论的升级观念。在这个观念下，物种内部的竞争不是你死我活的斗争，而是善意的合作，相互坦诚、理解、和支持，展现人格与生命更美好的一面，成就彼此，互相实现“美者生存”。

历史证明，社会进步的根本动力不是战争、掠夺、欺骗、强占，而是善意、沟通、协作与合作。人与人之间的使命是成就彼此生命，让世界变得更美好。这种情况下，人与人之间与其竞争不如合作，在良性与积极的基础上，用开放代替封闭、用信赖代替猜忌、用互助代替隔绝、用真诚代替自私，取长补短，合作共赢。受这些观念影响，军用方面的机器人可能永远派不上用场，也期待它们永远不要派上用场，但警用机器人的用处就非常多了。

世界日益进入全面和平时代，警察在控制犯罪、维护治安、服务公众方面的很多任务，都可以由机器人来替代和负责。比如，“辅警机器人”可以帮助警察完成一些比较简单的工作，像帮助公民更换身份证、护照等工作现在基本上都由人工智能界面来完成。再比如巡逻机器人，其主要作用就是帮助警察巡逻，尤其是用它的移动镜头随时拍摄下各种可疑、不可疑的场景。随着信息的全面透明，以及“天网工程”“安防工程”的全面实现，当整个社会本身都在智能化的时候，预防犯罪所起的作用远大于侦破犯罪了。

在公安部第一研究所李剑主任看来，随着我国社会形势的变化和公安业务的快速发展，公安警力严重不足、民警工作强度增大等问题日益突出，急需能够协助或替代警员执行安保、巡逻任务的智能化警用机器人，以促进安保、巡逻业务的快速升级、降低公安干警的劳动强度及执勤风险、推动警员执勤方式的变革。警用巡逻、安保机器人是一种综合运用物联网、人工智能、云计算、大数据等技术，集环境感知、路线规划、动态决策、行为控制以及报警装置于一体的多功能综合系统，具备自主感知、自主行走、自主保护、互动交流等能力，可帮助警察完成基础性、重复性、危险性的巡逻工作。

国内外警用机器人种类繁多，功能各异。由于整体产业仍然处于起步阶段，很多实际应用仍然有待市场检验，而更多具体的技术实现仍然有待改进成熟。但是，可以预见的是，警用机器人系统的推广应用已经成为大势所趋。同样可以预见的是，受需求侧的刺激，我国警用机器人产业也将迎来发展高峰。警用机器人系统由移动平台载体、警务功能模块、网络通信系统和云端指控系统平台四大部分组成，其中移动平台载体搭载警务功能模块组成巡逻安保机器人前端。警用机器人系统涉及的技术热点包含导航定位、计算机视觉、目标跟踪、智能化检测识别与传感器技术、警务应用模式五个方面。警用机器人的主要应用分为协助执勤、安全防范、服务人民三个方面，具体表现为：实现对巡逻范围内犯罪分子和重点人员的识别、定位、报警和跟踪，协助民警执勤，提高处置效率；协助实现人员密集区的人员指引、疏散、排查和便民问答；实现警务大厅的便民服务，包括公安业务问答、窗口导引、业务自主办理等。

警用机器人的应用场景可设定为政府驻地、机场、广场、车站、码头、公检法办公场所、大型活动现场、要害部门等重要区域，主要用来进行日常巡逻与安全防范，实现对特定区域环境、人员、车辆、意外事件等要素的信息感知，服务人民群众，同时有效保障重点人群、重大设施和重要区域的安全。按照以上应用需求，警用机器人需具备自由行走、区域巡逻、自主避障、人脸识别、多模态人机交互、警情识别等功能。但从现有的应用案例来看，警用机器人功能需求的实现受现场环境（地面、人流、温湿度等）、通信条件、保障措施（充电桩、辅助设备、标记物等）及政策法规等因素的影响较大；而不同的应用场景下，对某些功能的需求迫切性也不尽相同。急需通过需求与应用技术的研究建立多场景的应用模式及前端本体性能功能组合方式，形成适应不同场景的系统化解决方案。

警用机器人作为一种技术渐进成熟的机器人产品，拥有日渐增长的市场应用需求，大规模走进人们的生产生活已经指日可待。但在这个过程中，相关核心技术需进一步成熟，软件和硬件成本需进一步降低，警用机器人的场景化应用需进一步挖掘。所需关注的技术问题有：机器人机构的运动学、动力学分析研究、机器人运动的控制算法及机器人编程语言的研究、机器人内外部传感器的研究与开发、具有多传感器控制系统的研究、离线编程技术、遥控机器人的控制技术等。

警用巡逻机器人

警用机器人首先面向社会安全领域，以替代保安、协助警察为发展目标。它将搭载更多强大的安防监测传感器，具备多种智能化的探测手段；还能与已有固定的智能化安防系统紧密配合，在固定安防系统发现异常时，可自主前往查看；另外，还可以通过专网连接警方数据库以及社会安防系统，与公安系统配合使用；除此之外，它们甚至可以配备非致命武器，用于制服嫌疑人。

此外，警用机器人还可向企业、商场、展馆等社会商业领域扩展。具备安防功能的同时，拥有多种人机交互、娱乐宣传等能力，针对商业服务领域用人成本高、人员流动大等问题，以“一机多用”的方式补充日益稀缺的劳动力；白天承担导购咨询、广告促销等工作，夜晚协助执行巡逻值守等任务。

警用排爆机器人提高了哪些能力？近几十年来，世界上有不少国家都在试图研制可实用化的排爆机器人，以便遭遇危险爆炸物时能够让这样的特种机器人上前线。目前比较成功的是发现爆炸物后，由机器人将爆炸物抓举起来，移动放置到“排爆罐”，运送到相对安全的地方，再设法拆除爆炸物。警用机器人可找到线索破获案件，消除安全隐患，保障社会公众的生命财产安全。

苏州融萃特种机器人有限公司总经理方健介绍说：“我们致力于小型、微型特种机器人装备产品自主创新开发，有两个特色：一是小，体积小，体重轻，行动便捷；二是精，灵活，快速，能在危险的环境下迅速、隐蔽作业。适合单兵应用，适合背包携行，模块化装备重量均低于10千克，小型装备低于2千克。”

方健指出，采用模块化思想，开发具备自主识别标记目标并接近的通用搭载平台，针对不同的应用场景需求，集成不同的任务载荷，目前已经开发出针对爆炸物处置的一系列机器人装备，包括爆炸物探测、爆炸物转移、爆炸物销毁等多款设备。以模块化设计思想，结合免工具安装要求，所有装备针对实际应用场景，快速组合，能够在50秒内完成，因为在爆炸物处置作业现场，时间就是生命，越能够快速精准地判断作业，越有利于及早解除危险。

不论是警用、军用、民用，市场的需求本质都一样，都需要特种机器人能够自主或辅助解决危险作业问题。“我们有一款智能侦察型机器人，体积非常小，功能却非常强大，可以和无人机结合使用，构建地空一体化侦察体系，该款机器人不仅可以进行视频侦察，还可以对未知环境场景进行三维重建，实现未知环境的全方位立体化侦察，可以放在包里，到了作业现场能够马上开展工作，最大程度减少人力物力负担。”

构建面向小型化、微型化移动机器人全栈式技术体系，从机器人端的定位导航、环境感知与识别、高速高精运动控制、多路面自适应移动底盘等技术到集成应用端人脸识别、双光视频监测、危险环境感知等技术，再到后台远程控制中心等，在小型化、微型化单兵无人侦察、打击、辅助训练等军警用装备领域得到全方位发展。

中关村融智特种机器人产业联盟的一些成员单位，长期从事反恐、排爆等方面的业务，深知“排爆机器人”对消除危险、保护排爆专家安全的意义和价值。在讨论未来发展趋势时，几位生产排爆机器人的企业代表分别作了探讨。

JG-Ⅰ智能排爆机器人

深圳安泽智能机器人有限公司经理郑云龙认为：排爆机器人肯定是日益走向集成化、智能化、轻便化。目前看来，排爆机器人只能称为“移除爆炸物机器人”，它实现了爆炸物从布设点上进行移除过程中的助力作用，对安定人心、保护现场参与人员的安全有相当好的作用，但它还没有实现真正意义上的“解除危险”。它只是能够识别危险，把危险移到相对安全的地方再设法进行解除。因此，考虑让排爆机器人现场发现问题后，能马上通过侦测和判定，迅速从“爆炸物大数据”里找到最佳的解决方案，通过这些好的解决方案算法得出最好的执行程序，并开始现场实施爆炸物的解除。这需要让机器人更加智慧和灵巧。智慧，是指能够现场准确判别并马上给出最佳的解决方案。这不仅需要此前所有的大数据集成，而且需要机器人身上安装各种“机器视觉”，能在最短的时间内百分之百扫描、捕捉、确定出爆炸物的真实情况。这就要求机器人具备一只或者多只灵巧的手。目前

中型排爆机器人

一般采用主从式机器人技术，直接由机器人控制自己的“灵巧手”尚有一定的难度，但肯定是未来重要的发展方向。同时，排爆机器人的作用也不限于排爆，它可以到与爆炸物类似的危险场景去替代人类解决类似问题，比如帮助核电站内部进行检测，去启动开关或关闭阀门等。

北京京金吾高科技股份有限公司创始人兼董事长王俊岭介绍说：“在城市里总有一些不法分子，在公共场所安放时刻可能威胁公众生命财产安全的爆炸物。这时候，接到警报的公安干警就得想办法去清除。不仅要清除爆炸物，排除危险，还要想办法破解案件，找到安放炸弹的人，让他们受到应有的惩罚。爆炸物被放到防爆罐后，所产生的气浪是向天上冲的，不会波及周边，这样，爆炸物的伤害就能够降到最低。如果你在机场、会堂、车站、地铁站这样的地方，稍微留心一下，就会发现，有很多防爆罐在那里‘严肃待命’，随时守候着公众的安全。光有防爆罐是不够的，因为爆炸物自己不会主动跳进罐子里。那就得想办法，设计一种排爆机器人，它们具备一个基本能力，就是把爆炸物从安放点移到防爆罐里，再运送到更安全的地方进行拆解；同时获取爆炸物的相关证据，以便于下一步的案件破解。有一款排爆机器人，作业高度达3.2米，有7个自由度，前端能安装多种‘抓手’，以适应不同的爆炸物设置的状态。这款机器人机械臂足够长，足够灵活，无论你是贴地放还是挂天花板上，都能够得着。这款机器人的抓手开口非常宽，还可依据炸弹的形状随时更换合适的工具，保证无论伪装成什么样的炸弹，都能够抓得起，放得下。国外有些机器人只能排除制式炸弹，不适合城市反恐的需求。”制作炸弹的人，一定不会按标准的样式来制作，而会把它们变形、隐藏，让你无法猜透它的秘密，不好迅速破解。制式炸弹往往用在战场上，形状标准统一。战场上遇到炸弹直接引爆，消解隐患，不影响部队前进就没事了。而城市里如果有人安放了炸弹，肯定不能在现场引爆，最好的办法是将它移除下来，放到防爆罐中，运送到安全的地方再精心地拆解。这样，一方面能够把危险降到最低，另一方面能够收集有效的破案证据。随着城市越来越安全，在前端的安检、预防方面的产品做得越来越多。因为与其等炸弹出现了再去报警移除，不如通过层层关卡让炸弹永远没机会出现。在训练排爆时，不能安放真实的爆炸物让公安干警去练习拆除。最好的办法当然是虚拟现实（VR）。利用VR训练系统，通过模拟仿真、虚拟现实，训练排爆手，可以让一个没有排爆经验和排爆技能的行业小白迅速成长为排爆拆弹专家。这样的训练无危险，可多次重复，技术可持续升级。用这样的技术，既可以逼真地还原各种真实的场景，又可以帮助士兵、干警得到最类似真实情境的持续训练，获得良好的训练效果。这样，发生真实事件时能够训练有素地去完成任务，在保障公众生命财产安全的同时，又保障了自身的生命安全。

上海合时智能科技有限公司创始人卢秋红博士认为："实用"是特种机器人的主要目标。特种机器人恰恰就擅长解决人类遭遇的各种极端状态难题，擅长"用科技保卫生命"。研发特种机器人的目标就是首先要让它们在极端工作环境下，在军用、警用以及商业企业的"困难应用场景"下，充分体现"科技保卫生命，智能替代人工"的能力和理念。排爆机器人能够真正保卫生命，甚至挽救生命。排爆机器人主要应用在公安特警和武警领域，代替人工拆除和转移爆炸物，极大地减少人员伤亡；侦检机器人则包括车底侦查机器人、水面侦查机器人、化学侦检机器人等，主要应用在公安、消防、石化等领域，进行危险环境的勘测等。

2020年的研发重点在人工智能和特种环境适应性领域进行机器人自主控制和自主执行任务方向的研究。比如实现了机器人的全自主导航，在特种环境适应性上，对焦的是电磁辐射、核辐射、高温、爆炸危险等特种环境下的机器人适应性研究。特种机器人无论多么特殊，能不能真正服务于社会，真正帮助社会解决痛点难点问题，才是衡量特种机器人价值的标准所在。卢秋红表示："我们特别期待排爆机器人能够在军用、警用、民用领域得到大面积的推广，不想成为陈列品，而是真实的问题解决者。就像在雷区排雷那样，排爆机器人全面替代人工，把危险排除，将生命保护。"

安保巡逻机器人逐步增多

为拥抱5G时代，深圳正努力建设国际领先的5G创新中心。2019年5月15日，中国移动深圳分公司在“深汕特别合作区”开通首个5G基站。在本次活动中，展示的5G智能巡检机器人和安防巡检机器人得到深汕特别合作区领导的高度关注，他们现场观摩了机器人的功能演示并与机器人进行了互动。深圳航天龙海特智能装备有限公司副总经理王鹏飞博士介绍说，“龙海特”推出的“5G智能巡检机器人”集非制冷焦平面探测器、激光导航定位、红外测温、智能抄表、图像识别等核心技术于一体，能对深汕特别合作区的园区设备进行数据采集、视频监控、温湿度测量、气压监测等全天候的安全水平实施监测。在异常紧急情况下，智能巡检机器人可以作为移动监控平台，代替人工及时识别设备故障，降低人员的安全风险，可广泛应用于园区、电厂等大场景进行日常巡检，也可广泛应用于机场、高铁站、商业中心、社区、展馆、政务中心等场所。王鹏飞博士说，2019年以来，深圳移动5G网络将陆续覆盖深圳中心区域，实现政务中心、交通枢纽、医疗健康、文化活动、核心商圈、高新技术产业聚集区等十大场景5G网络覆盖。5G技术的应用，将渗透在智慧城市、日常生活的方方面面。可以说，未来智能机器人在5G产业的布局中呈现巨大的发展前景。

北京智能佳公司总经理周宝海介绍：智慧园林巡检机器人2019年起已在河北廊坊园林局等进行试用，北京的一些园林部门准备推广。智慧园林是智慧城市的一部分，而园林要智慧化，就势必要有园林巡

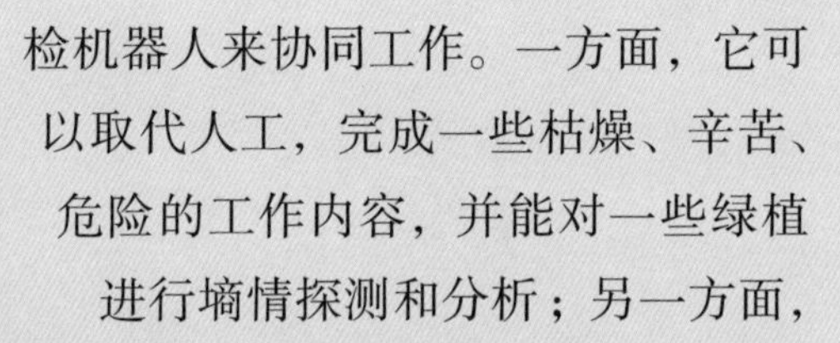

检机器人来协同工作。一方面，它可以取代人工，完成一些枯燥、辛苦、危险的工作内容，并能对一些绿植进行墒情探测和分析；另一方面，它在园林中出现会形成一道风景，给游园的公众带来新的快乐，促进机器人产业的科学普及。

防爆巡检机器人

周宝海介绍，2019年4月26日，河北廊坊市园林绿化管理局智慧园林推广普及活动日在廊坊丹凤公园启动，8台智慧巡检机器人正式投入使用，在廊坊市丹凤公园、自然公园东区、文化公园、瑞丰公园等“服役执勤”，并与公众“娱乐互动”。其中，一个名叫“小安E6”的机器人身高1.7米，体重90千克，巡逻时速度达5千米/小时。小安在园区参与安防巡逻、绿化监督、墒情检测及人员服务等多项管理工作。这批机器人配备前后左右4个摄像头，实现360°视觉全覆盖，记录的全部影像会实时传送到后台。机器人内设人脸识别功能，可实现一键报警、远程喊话，还具有夜视功能，保证夜间巡逻。机器人经过防水、防晒、防冻测试，可以全天巡逻，同时具备自主充电功能，电量消耗到一定程度会自动返回充电桩，一次充电可运行8~10小时。

智慧园林机器人在我国取得了一定的发展，宗申动力与重庆大学合作研究扫雪机器人；河南林业职业学院利用互联网和农机的理念研究林业特种机器人；山东曼大智能公司在研究智能轮式园林巡检机器人；浙江锋龙股份也在研发园林机器人。

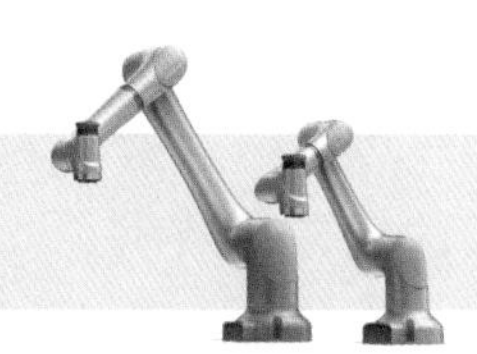

5 消防机器人怎样作业

2020年8月4日，中信重工开诚智能研发生产的45台特种机器人正式交付四川省泸州消防部门。由此，泸州市消防救援支队特种机器人大队得以正式成立并获授旗，泸州七个区县消防大队获得了统一配备的“灭火神器”。这些消防机器人可代替救援人员进入灾害事故现场，执行侦察、灭火、救援等多类型任务，既精准又快速。中信重工开诚智能装备有限公司常务副总经理兼总工程师裴文良表示，这意味着以特种机器人为主要力量的新型消防救援模式正在逐步成型，有望取代消防员为主的模式。特种机器人迅速提升了泸州市消防救援综合处置能力，为泸州市构建现代化应急救援体系提供强有力的科技保障。

消防机器人

2020年7月12日10时许，福建省龙岩市新罗区一新能源公司发生爆炸。现场易燃物多，浓烟较大，给扑救带来极大困难。福建省消防救援总队调集漳州、厦门、泉州支队化工编队前往增援，同时派出中信重工开诚智能消防机器人参与灭火处置。在火灾现场，消防机器人展现出良好的作战性能，有效满足此类特殊环境下灭火救援需求，既提高灭火效率，又保障救援人员的生命安全。

裴文良介绍说："最让人欣喜的是，消防机器人越来越成熟，投入灾难现场救援的案例日益增多。这表明消防机器人的实战能力得到了应急管理部门的全面认可，意味着消防机器人全面列装指日可待。"

2020年5月20日，"石化爆燃环境防爆型机器人研制与应用示范"项目正式启动，项目由中信重工开诚智能装备有限公司牵头，目标是研制具有自主知识产权的高环境适应性、高智能的巡检侦测、应急处置、排烟灭火等系列防爆型机器人产品；山东大学、哈尔滨工业大学、河北工业大学、燕山大学、应急管理部天津消防研究所、中国特种设备检测研究院、北京化工大学、洛阳理工学院8家单位共同参与。

在人工智能领域，无论是工业机器人、服务机器人还是特种机器人，每年都有大量的新科技和新产品问世。改变世界的一定是那些具体而实用的产品。需求诱导产品的出现，产品的出现又进一步刺激产品的升级和优化。我国正在全面迎来特种机器人的"消费时代"。受此影响，我国的特种机器人产业正在迎来发展的高峰时期。在这样的时期里，山东国兴智能科技股份有限公司已经成为专业从事特种机器人研发、生产和销售的高科技企业。

国兴智能一直致力于做高危复杂环境中国际知名的特种机器人及配套底盘供应商。这几年来，制造高质量、高标准的消防机器人是公司的主力发展项目。此外，国兴智能积极参与制定了两项有关消防机器人的团体标准——《爆炸性环境用消防机器人防爆技术要求》及《爆炸性环境用锂离子蓄电池电源防爆安全技术要求》。这两项团体标准的制定和发布，无论是对消防科技的发展，还是推动消防事业的进步，都有积极意义。持续的灾难引发了公众普遍而深度的思考，也带动应急救援需求的快速突破，带动解决方案的精细化和有效化。尤其是在灾难发生的前期时刻，在现场信息不确定的情况下，如何尽快摸清情况以保障后续行动不会带来损伤就需要灾难现场的“侦检机器人”。这种机器人往往比较小型，可采用远程抛射的方式投入灾难现场，通过远程连线控制或者自主控制，把灾难现场的真实情况尽快回传到后方指挥中心。如果在消防员介入之前有侦检机器人帮助摸清情况，那对救援的安排和组织就会更准确和安全。

6 应急救援中的特殊机器人

2020年4月，应急管理部森林消防局给中关村融智特种机器人产业联盟发来一份需求清单，要求“联盟”帮助寻找能够提供解决方案的企业，尽快攻克森林消防中的一些痛点、难点问题。比如，四川凉山州这几年为扑灭肆虐的森林山火，连续有几十名消防员牺牲在救火现场。有没有更好的技术能够避免年轻的生命的牺牲？比如，在信号微弱甚至没有通信信号的山区，有没有更好的提前发现火情的预警和快速信息传送手段把火情消除在萌发时？有没有可能出现消防机器人或者消防机器人海陆空综合系统，能够全面取代消防战士和救火队员，精准快速地完成危险而艰巨的任务？

2020年5月27日，北京惠风联合防务科技有限公司首席科学家齐占元博士、副总经理郎国栋一起深度探讨了一种“快速精准消防”的可能。齐占元博士说：“消防问题，我观察社会上的已有手段，确实还有很多需要补救的地方。比如我们屋子里的消防探头，侦测到了屋子里有个起火点，它就会启动响应，然后各个消防扑灭装置会‘盲目’地喷出消防液体。但很可能，这些液体或者泡沫并不会精准地喷到起火点上。我们的技术思路却是马上精准定位起火点，并把消防液体迅速喷到起火点上。这样的技术在我们这里已经很成熟了。”

如果在一座高山上出现火情，有什么办法能够快速响应并精准消除这些隐患呢？我们知道，近期中国铁塔公司与国家林草局签订了合作协议。中国铁塔公司在通信铁塔上会安装很多侦测火情的摄像和感应装置。但这仍然有缺点，比如只能发现近处的火情。要发现更远处的火情，就需要有更大的摄像和感应设备。这些设备在拍摄时因为通信铁塔自身的摇动，再好的云台也无法保持稳定。这样，拍摄出来的图像就可能是模糊的，传输到云台管理中心就不容易识别和判断。我们需要的是在动态的状态下也能够保持清晰画面和准确定位的能力。“这方面的能力，正好与我们十多年来的技术追求息息相关。我们就是主攻在快速行动中的精准定位和问题解决。”齐占元博士说，“在高山陡坡这样行动不易、传送不及时的地区，比较好的办法是‘远程精准制导灭火’，我们可以把这些起火点看成一个战争时的‘碉堡’，事先在这些山区布置一些重型‘灭火炮’，一旦侦测的起火信息精准同步传输过来，马上就可以把这些灭火炮弹发射过去，把主火点灭除。剩下的一些零星余火，再让消防战士精准除灭。同时，还可派出灭火无人机进行扫尾。这样的立体组合灭火体系对难度系数高的森林消防工作是很好的预防和快速解决的方案。我们一直在研究精准的控制导航技术，我们相信这样的技术能够对森林消防里的疑难问题提供高效而廉价的解决方案。”

中国地震应急搜救中心科技委副主任尚红研究员在地震救援方面是专家，她介绍说，中国地震应急搜救中心很早就启动了地震辅助搜救机器人相关研究。2007年由中科院沈阳自动化所牵头、中国地震应急救援中心作为主要参与单位，组织申报了国家高技术研究发展计划（863计划）先进制造技术领域批准立项的重点项目“救灾救援危险作业机器人技术”，2008年获得立项，这是国家863计划支持的第一个面向自然灾害救援的高技术装备研制项目。项目包括三个方向：一是废墟搜索与辅助救援机器人研究；二是煤矿井下搜索机器人研究；三是空中搜索探测机器人研究。当时，中国地震应急搜救中心是课题一的牵头单位，共有6个科研院所参与；沈阳自动化所是课题三的牵头单位，搜救中心是参与单位之一。

该项目旨在解决大地震后灾情信息的快速获取和在危险地震废墟中搜索幸存者的难题。项目2008年2月正式启动，2012年3月通过科

废墟搜索与辅助救援机器人

技部验收。2013年4月20日，四川雅安芦山发生地震，中国地震应急搜救中心与中科院沈阳自动化所立即启动机器人现场救援预案，组建了“空中搜索探测机器人小组”和“废墟搜索与辅助救援机器人小组”，跟随中国地震灾害紧急救援队现场行动。正是这次行动，当时还属于非常“特种”的无人机和废墟搜救机器人发挥了巨大的作用，受到中国地震局应急司、中国救援队以及当时科技部领导的高度关注。2013年，无人机还很少有人使用。无人机具有低空飞行、随车机动、随时释放、定点悬停的功能，可对定点区域进行持续观测，同时能在夜间、小到中雨的环境中进行搜索。在这次地震搜索救援中，无人机充分发挥了这些优势。在救援队车辆被堵的情况下，指挥员当即命令无人机升空侦察道路状况，从准备到发回灾情信息不到10分钟，就搞明了前方道路堵车至少长达7千米。指挥员马上下达命令，改汽车机动为单兵徒步前行赶赴重灾区，为争取救援黄金时间提供了决策依据。

无人机利用空中快速获取灾情信息的优势，一改以往靠人员进村挨户搜索的传统救援方式，救援队每到达一个乡镇，先放飞无人机获取房屋倒塌信息，了解地面受损情况，快速测绘出灾情区域地图，以便救灾指挥部作出精准决策，将救援力量派往有房屋倒塌的村镇开展有针对性的搜救，比以往靠人在地面上逐一核实，大大提高了救援效率。2013年四川芦山地震救援行动表明“空中搜索探测机器人”和“废墟搜索与辅助救援机器人”已基本实现了研究目标，能够完成现场指挥部交予的搜索探测任务。

2013年之后，我国的无人机商业应用已经非常普遍。万一将来再发生破坏性地震灾害，无人机一定能派上大用场。当然，地震的地方往往天气恶劣，因此，用于地震救援的无人机至少能抵抗6级大风，能在中雨天气起航，同时要有强的电池续航能力和高的载荷重量。

尚红介绍说，2013年的芦山地震，中国地震应急搜救中心携带了一台“废墟搜救可变形机器人”。这台机器人的外表是黄色的，很多人也亲切地称呼它为“小黄蜂”。它是由中国地震应急搜救中心联合中国科学院沈阳自动化研究所共同研制的。“小黄蜂”可以进入废墟内部，利用自身携带的红外摄像机和声音传感器，将废墟内部的图像和语音信息实时传回后方控制台，供救援人员快速确定幸存者的位置及周围环境，为实施救援提供救援通道信息。“与此同时，7年来我们还研发了地震辅助搜索、救援、助力等机器人样机，目前这些机器人装备的稳定性、可靠性还有待进一步提高，从而达到产业化的水平，为我国的自然灾害应急救援提供更加适用的新装备。”尚红介绍，为了研制出更多适用救援的机器人装备，中国地震应急搜救中心在位于北京西山的“国家地震紧急救援训练基地”，专为地震辅助救援机器人建设了模拟地震废墟场景，可以对机器人的复杂道路通行能力、狭小空间搜索能力、有毒有害气体感知能力、高寒高温适应能力、特殊搜索和营救能力等，提供实验验证和测试评价。尚红研究员指出，综合来看，当前存在的问题是，地震救援非常需要搜索类机器人、营救类机器人、助力类机器人，都是“特种装备”，非标准的产品，社会需求量不大，一旦有需求时又非常急迫。“产品做得好的，肯定会非常有用；但平时用不上，产业化实现困难，会打击继续研发的积极性。所以我们很期待，目前开发的机器人不仅能够满足地震救援的需要，还能够胜任其他方面的工作，如反恐排爆、安防巡检等方面，这样就实现了‘平灾结合’，平时能够在其他场景得到充分应用，地震时能够快速在灾区派上用场。平时应用越多，技术成熟就越快，产品的适应性就越强。这么多年来，我一直在呼吁特种机器人的企业，能够有针对性地将技术成熟的地震救援类特种机器人装备产业化。”

7 轻松种地的农业机器人

今天的世界，“无处不工业”。酿酒、牛奶生产已经不再是“纯手工”工序，而是工业化的流程。为了保障奶牛在挤奶时更加安全卫生和舒适，有企业研发了“自动挤奶机器人”。传统挤奶设备为半自动挤奶，需要人工套挤奶头套杯。然而，人的生活环境复杂，频繁进入牛舍套奶头套杯会增加传染细菌、病毒的概率，也可能污染奶源，甚至造成大面积疫情。

为此，研发人员攻克了奶流精准计量及其奶杯自动脱落、视觉识别等技术，让机械臂像长了眼睛一般，自动给奶牛的奶头清洗消毒、自动套奶套、自动挤奶，整个过程只需20~40分钟，全程无需人工干预。该设备还应用人工智能技术对牛奶成分进行分析，判断“牛妈妈”是否患乳房炎等疾病，以及奶质是否符合卫生要求。不符合要求的牛奶会通过旁路自动回收再利用。可以想见，挤奶机器人推广后，将助力我国养殖业向规模化、标准化、自动化的方向转型升级。

当前，农业生产对生产人员提出更高要求。与此同时，传统农民正在减少。据统计，“十三五”期间我国约有1.2亿人口进入城镇。越来越多的耕地依靠集体经营、规模化生产。目前，我国40%的耕地由270万个农业新型经营主体耕作，农业生产开始依靠合作社、家庭农场、牧场、种植业和养殖业大户、龙头企业等新型经营主体。

国际上同样面临农业生产人员缺乏的问题。自20世纪80年代起，农业机器人应运而生，如瑞士的田间除草机器人、苹果采摘机器人，美国的苗圃机器人、智能分拣机器人，爱尔兰的大型喷药机器人，法国的葡萄园作业机器人等。

中国工程院院士、国家农业信息化工程技术研究中心主任赵春江在2019世界机器人大会上曾经这样说："智能化的农业农机装备为提高农业生产效率指出了一条路。从长远看，农业机器装备发展到一定程度就会衍生出农业机器人。农业机器人可全部或部分替代人或辅助人高效、便捷、安全、可靠地完成特定的、复杂的生产任务。"车载信息服务产业应用联盟秘书长庞春霖介绍，"中国农业全过程无人作业试验"自2018年在江苏兴化正式启动。从那时起，在工业和信息化部、农业农村部、财政部等部委指导下，它正成为我国农业和科技创新领域的重大事件，在全国各地连续推进；已在江苏、黑龙江、吉林等13个省区市构建了18个试验区。

根据试验的结果统计和分析，农业全过程无人作业的起步阶段主要以导航技术为主、实现自动行走能力的农机普及应用为主；2022年至2024年，以视觉、毫米波、激光雷达等各类传感器、控制器和一般驾驶场景算法为主的智能行走能力的农机得到普及和推广；2025年，在自动变速、动力换挡、动力换向、新型动力和能源技术推广应用的前提下，以复杂作业场景计算、灵巧整机结构、数字化底盘、一体化作业机具等新兴技术为主导的、具备无人行走能力的农机，会成为大规模平原地区农场的作业主力。2021年1月至6月，全国12家农业全过程无人作业试验骨干单位统计数据表明，具备自动行走、智能行走、无人行走能力的智能农机整机和系统，实际销售数量22 680台（套），一些公司销售量同比增长48%。

在作业时间、环境和效率改善上，相比人工驾驶，具备自动行走、智能行走、无人行走能力的地面农机装备具备连续工作、没有作业疲劳等特点，满足全天24小时作业能力，极大地提升了工作效率。在精密导航、融合感知等系统的支撑下，智能农机装备可以不受雨、雾、烟、霾等恶劣气候条件和环境影响，使农机设备出勤率、利用率普遍提高，缩短播种期的同时大幅降低人工作业强度。在作业成本和质量改善方面，根据抽样统计，在相关的农业全过程无人作业试验区中，智能农机的应用推动燃油节省3%~9.5%、农药节省30%、化肥节省8%、用工成本降低30%~60%。其中，自动行走插秧机使用效果良好，降低作业人力成本50%以上。

2021年4月25日，第三届中国农业全过程无人作业试验大会在吉林长春新安合作区生态无人农场示范基地举行。无人驾驶拖拉机、无人自走式植保机器人、植保无人机竞相展示它们的风采。在20公顷土地范围内，一台轰隆隆的拖拉机快速行走，驾驶室里空无一人，方向盘自动调整前进方向进行耙地作业。这台“无人拖拉机”采用北斗导航精确定位，达到中国农机自动驾驶先进水平。用它来进行耙地作业，精准度可以控制在正负2.5厘米之间。这不仅节省了人力，还能避免压苗、降低粮食损耗、提高耕作效率和效益。完全可以想象，未来的农民将坐在指挥中心喝着茶水听着音乐种地。即将到来的农业4.0时代也就是农业智能化时代，农业生产将产生巨大的变化。随着物联网、云计算、大数据等技术的发展，国内智慧农业和无人农机技术已经取得巨大进展，开始进入推广应用阶段。在大量智能机械设备的帮助下，我国农业正全面实现“现代化”。在中国东北这样广袤的黑土地上，一个人只要有片地，基本上从春耕到秋收，甚至到农作物销售，他都不需要到田间地头一步。所有流程都有专业的操作队伍加机械智能设备来完成。与农业工业化潮流相适应，世界各地的农场纷纷出现了耕地机器人、割胶机器人、育苗机器人、采摘机器人、伐木机器人、放牧机器人、喷洒农药机器人、施肥机器人、除草机器人、收获机器人等。

2021年4月，中国农业大学农业机器人创新团队负责人李伟教授主持完成的“非结构环境下农业机器人机器视觉关键技术与应用”项目获得2020年度“吴文俊人工智能技术发明奖”二等奖。这个项目开创了人工智能技术在农业场景的落地，实现了机器人精准、高效、辅助代人作业模式，引领了传统农机智能化转型。李伟教授认为，农业机器人有大田机器人、果园机器人等机器人，最重要的就是果蔬采摘机器人。这涉及“丰产能否丰收”问题。如果果蔬采摘机器人能够替代人工的60%，那么，我们的现代化农业设施就可以源源不断地产出公众每天的时鲜果蔬供应。

多年来，李伟教授领衔的农业机器人团队针对田间非结构环境下光照多变、枝叶交错、苗草簇生等农业机器人作业瓶颈难题，围绕“非结构环境下”农业机器人机器视觉技术进行了科技攻关，在农田“非结构环境下”，机器人多元信息融合感知、农作物信息精准获取、机器人作业机构视觉伺服控制等方面取得重要突破，多项技术打破国外垄断，填补了国内空白。此后，项目团队将继续推进“人工智能+机器视觉”技术研究，借助人工智能技术促进农业机器人产业化发展，为现代农业无人化生产提质增效赋能。多年来，李伟教授围绕农业机器人关键核心技术，针对智能机器人技术和现代农业装备技术交叉融合，紧密发展的迫切性，始终面向世界科技前沿和国家重大需求，坚持奋战在农业机器人、农业智能装备领域第一线，不断地“将科研论文书写在祖国的大地上”。他们成功研制了国内首台黄瓜采摘机器人、智能锄草机器人、施药机器人等农业精准作业装备，扩展了人工智能在农业领域的应用，实现了农业机器人从实验室走向田间生产的创新实践。所谓的“非结构环境”，就在于不标准、不确定、不规则的自然随机环境。在这样的环境下，果蔬选择性收获是农业生产中最耗时、最费力、成本高的环节之一。为克服传统人工采摘作业季节性强、效率低、人工短缺、劳动力成本增加等问题，博田机器人公司携手合作伙伴打造的果蔬采摘机器人应运而生，成为智慧农业的得力助手。果蔬采摘机器人涉及三大任务：一是利用视觉系统识别果蔬的颜色、形状、大小、成熟度和位置；二是机器视觉伺服控制机械臂运动至所检测到的果蔬位置；三是通过机械臂末端执行器采摘果蔬。这三大任务分别由行走系统、视觉系统和采摘执行系统配合完成。视觉算法引导机械臂完成识别、定位、抓取、切割、放置任务，8~10秒即可采摘一颗果实，成功率可达80%以上，在有效解决自然条件下的果蔬选择性收获难题方面奠定了技术基础，同时也让操作人员从繁重、重复的劳动中解放出来。

结合这些高水平功能的果蔬采摘机器人，具有轻便小巧、部署灵活、姿态多样性等优势，能够有效满足果实采摘的避障和到达要求。机械臂重复定位精度可达0.2毫米，可轻松完成路径规划、采摘和放篮多个任务，避免把相邻果实碰伤。机械臂末端配有视觉系统，可实现对果蔬实况信息的有效处理。面对复杂的果园或者菜园的光线环境、果实形状的多样性、果实生长位置等，均可做出正确判断，既快速又准确地采摘成熟的果蔬。它的“柔性采摘手”通过自适应控制完成果蔬的采摘，不伤果，可实现苹果、黄瓜、番茄、草莓、甜瓜等多品种多样性果实的采收。根据农业地形和材质的多样性，这款采摘机器人可提供履带式、轮式或轨道式多种行走系统和驱动方式，满足不同场景要求；并搭载视觉、激光或磁感应传感器，完成路径规划和导航，可自主避障；还可轻松完成爬坡越障，更能适应田间多种环境。下面是李伟教授团队针对设施农业场景研发的“设施农业机器人化系

设施农业机器人化生产系统

统”，包括采摘机器人、巡检机器人、运输机器人、喷施机器人，形成设施农业种植装备整体解决方案。

社会上极度流行的无人机，在很多玩家看来只是用于高空摄影或者用来做无人机编队表演，但在喷洒农药的企业那里却是最便宜最适合推广的“喷洒农药机器人”。在全国各地，经常可以看到这样的场景：组成阵列的“植保无人机”在麦地上快速而均匀、精准而安全地把农药或液体肥料喷洒到地面上。这样的过程既便宜又安全，完全可以说是一个共赢的项目。农田主人不再担心被农药污染，喷洒企业以量大价优的方式获得了所有订单，农田因为农药的喷洒精细也减少了残留和伤害。而这一切，只需要在无人机上加载一个农药喷洒机，就可以通过远距离的编队程序，大范围操作完成。

2018年4月8日，海南大学热带作物学院教授刘进平在“科学网”的个人博客上发了一小段感慨。他说：“刚刚从外文资料那看到一个挤牛奶机器人的文章。我由此想到，如果有人能发明割胶机器人就好了。橡胶树主要在我国海南和云南种植，其主要产品天然橡胶是一种战略物资，也是用途十分广泛的工业原料。但是，割胶是个麻烦事，每天半夜就到地里，觉也睡不好，顶着割胶灯，冒着蚊虫叮咬，一棵树一棵树来割，真是不容易的事情。海南现在很多人不愿干这事，只有一些上了年纪的人才干。年轻人都不会了，也不愿意干了。如果有人能发明割胶机器人，那就好了。”刘进平教授的感慨和期盼，还真的得到了“割胶机器人”的响应。2021年6月29日，北京理工大学智能机器人研究所副所长张伟民教授在一个行业内部的演讲中透露，他们与海南橡胶集团合作，研发设计的自主移动式智能割胶机器人，经过两年多的努力已经走过了原理样机、工程样机的阶段，全面进入量产前的筹备和设计中。如果量产顺利，一台割胶机器人将能够替代一名胶工，管理1公顷橡胶林。2019年6月，在接手这个研发任务之前，张伟民和他的团队不知道割胶是一个多么辛苦的活。全世界预计有1 200万公顷橡胶林，我国海南有23.53万公顷左右，云南有66.67万公顷左右。每公顷橡胶林约有495棵橡胶树，全世界就有63亿棵橡胶树。到现在为止，基本上全靠人工割胶。人工割胶在半夜12点到早上6点最为理想，这个时间天气比较凉爽，适合胶水的分泌产出。割胶工人带着胶刀，带着驱蚊器，去自己负责的橡胶林里，一棵接一棵地默默完成任务。最近几年一些国家种植面积大量增加，导致国际橡胶价格持续下跌，本来割胶这个活儿就没太多人干，胶价一旦下滑，愿意干的就更少了。2012年以来，国际橡胶价格一路走跌，干胶价格从每吨最高位的4万多元跌到最低9 000元左右。持续下跌的胶价让不少橡胶林“弃割”。因为胶价低，割胶卖得钱还不够成本，不少人就不割了，大家都在等待和观望。如果实在没有上涨的可能，干脆就把橡胶林砍掉，种其他的热带作物，比如咖啡。

无论是橡胶集团还是个体种植橡胶的“农场主”，都感觉到了割胶机器人的急迫需求。在与北京理工大学张伟民团队合作之前，海南橡胶集团还与宁波中创瀚维科技有限公司合作，研发“一机一树”型的固定化割胶机器人。这种机器人直接绑定在橡胶树上，每棵树都绑定一个。这样的好处就是能确保在最佳产胶时间割胶，进一步提高产量。人工割胶割到下面就要蹲下去，一天假如割300棵树，一直蹲着会很累。割胶机器人就不存在这个问题。太高的地方工人爬不上去，机器人可以向上移动并在适当位置重新固定。割胶机器人的割胶水平目前达到人工割胶的水准。但是，一是因为成本相对比较高，导致大规模推广困难；二是这种“一机一树”的方式遇上台风等外在灾害时，损失会比较严重。

张伟民和他的伙伴们想出了移动式割胶机的办法。在海南橡胶集团红光农场橡胶林里打磨了大半年之后，他们终于找到了有效的解决方案。通过北京理工华汇智能科技有限公司这个成果转化平台，2020年6月，这个解决方案在海南橡胶集团红光农场通过了双方邀请的现场专家技术鉴定。在技术鉴定现场，一辆形似坦克的机器人自己“走”到一棵橡胶树面前，机械臂末端的摄像头自动对准树干上的特殊标记，识别出这棵橡胶树的相关生产数据。随后，顶端半圆形的割胶部件抱住树干，刀片在树干上慢慢割下一层厚薄、深浅适中的树皮，雪白的胶乳很快流出来。然后，割胶机器人又开始挪动它的“脚步”，前往下一棵橡胶树。从一棵树到另一棵树，完成行走、分辨、定位、割胶的时间，是1分20秒左右。在现场可以看到，这台割胶机器人可像个“自由人”一样活动自如，在林间自主移动、自主割胶、自主回到室内进行无线充电。

自主移动割胶机器人

张伟民介绍说，割胶机器人综合运用了视觉伺服、多传感器一体的组合导航、无线充电等技术，目前属于国内首创。这里最重要的一个创新就是多传感器融合的导航技术。和农业大田不一样，橡胶林荫蔽性强、信号较差，用北斗、GPS等技术都难以解决问题。为此，运用多传感器一体的组合导航系统，最终实现机器人在林间自主导航、移动、定位，并自主到达相应的作业位置，误差范围精确控制在5厘米以内。

除了精准定位，还必须保证每棵树割线的一致性。研发团队运用的是视觉伺服技术，机器人识别树干上的特殊标记，就可以快速知道这棵树上刀口的位置在哪里，找到位置之后，机械臂便会自动调整到相应位置进行割胶。割胶的精确度要求更高，误差度必须控制在0.2毫米以内，否则不仅损伤橡胶树，还导致胶水无法正常流出。当然，张伟民也承认，割胶机器人比较适合的还是平地和缓坡丘陵，太陡峭的山地不容易适应。热带地方雨水频繁，林间枯枝败叶多，地面极不平整，一开始研发团队采用轮式底盘，发现特别容易打滑，改成履带底盘就解决了打滑的问题。割胶机器人具有良好的防水性能，能够承受一般强度的雷雨天运作；配备锂电池电量足够的机器人可以工作8小时左右，每晚大约能割300棵树。当电量低于阈值后，机器人会自动回到充电屋寻找无线充电器，完成自主充电。刀片用的是合金刀，硬度很强，解决了传统不锈钢胶刀需每天打磨的问题。张伟民透露，如果北京“理工华汇”与海南橡胶集团联合推出的这款割胶机器人全面投入使用，一台机器人顶替一个人工，等于橡胶林里会穿梭着非常多的割胶机器人。有了这么多的割胶机器人，机器人互相间的协作、数据共享、智慧联动、其他产业应用，就会成为下一步的研究和拓展方向。别小看这台割胶机器人，它尚未正式投入商业化应用就已经布局了几十项专利。

张伟民透露，受割胶机器人的启发，他们又顺便研制了橡胶林打药机器人。因为对橡胶树的常见疾病白粉病防治时，需要自下而上喷施硫磺粉等药剂，从空中用植保无人机打药效果不明显。而履带式的底盘装上打药设置之后，在林间自主巡回，反而有希望解决这个难题。顺着这个思路行进，张伟民团队发现，智能农业机器人的发展前景良好，无论是割胶、打药还是除草、收胶，都很有发展前景。

8 安全高效的建筑机器人

河北工业大学副校长李铁军教授长期关注国际建筑机器人的研究走向，对我国建筑机器人的产业发展现状也有很多独到的观点。他说，我国建筑业有三大特点：一是经济体量大——2019年建筑业总产值24.84万亿，占全国GDP总量的25.07%；二是从业人员多、年龄结构断层——2019年建筑业从业人数5 427.32万，其中青壮年建筑从业者仅占两成；三是工业程度化低——90%的建筑从业者都在从事大量繁重的体力劳动，必须尽快实现建筑施工自动化和智能化。

建筑机器人到底能做什么呢？从国际上看，主体工程、二次结构、检测、坑道、桥梁等各方面，都出现了一批建筑机器人。美国、日本、欧洲各国，做建筑机器人的侧重点有一些差别。美国大部分集中在大学做研究。日本有很多公司在实践，有些大的建筑公司在20世纪80年代就开始投入很多精力研发，成为主流。英国、德国、以色列、韩国在建筑机器人方面各有特色。比如韩国推出了铺砖机器人、玻璃安装机器人、天花板安装机器人，瑞士推出了砌墙机器人，西班牙推出了石膏板安装机器人，我国也推出了高空幕墙安装机器人。

我国建筑机器人研究工作起步较晚。经过多年的发展，以大学及研究所为主体的建筑机器人技术研究队伍已取得相当可观的研究成果。我国“863计划”的自动化领域智能机器人专题，已经开发出无人驾驶振动式压路机、可编程挖掘机、自动凿岩机、大型喷浆机器人、管道机器人等智能化机械设备。在建筑机器人研究方面，国内起步较早的大学有河北工业大学、天津大学、同济大学、北京理工大学、华中科技大学、山东大学、哈尔滨工业大学等。河北工业大学在这方面的成果不少，比如2010年推出了“首台”全自动板材安装机器人，2012年推出了高空幕墙安装机器人，2014年推出了面向特定场景的板材安装机器人；同时还研发了大载荷冗余驱动建筑机器人、大尺度构件14自由度双臂作业机器人、大尺度建筑构件3D打印机器人、智能建造数字孪生平台等。建筑施工企业方面，上海建工、河北建工、博智林、中建等公司也都纷纷在实践。以广东博智林机器人有限公司为例，它成立于2018年7月，是碧桂园集团全资子公司。到2021年，博智林在研建筑机器人及智能产品近50款，其中18款建筑机器人已投入商业化应用，服务覆盖14个省50余个项目，累计应用施工超100万平方米。

通过这些企业的大量实践应用，测量机器人、外墙喷涂机器人、混凝土3D打印机器人、楼层清洁机器人、室内喷涂机器人、焊接机器人、绑钢筋机器人、木结构加工机器人、木结构组装机器人、线材编织机器人、石膏板安装机器人等多种不同特殊应用类型的建筑机器人，都将绽放其技术能力。每一种建筑机器人都有对应的使用场景，目标非常明确，或降低施工人员的施工强度，或提高施工人员的安全保障，或减少施工现场的恶劣环境。

建筑机器人无论是在设计、建造、运维、破拆方面都能够派上用场。运维方面，全自动救援机器人、混凝土质量检测机器人、外墙体清洗机器人都很有市场前景；破拆方面，除了爆破以外，未来大型建筑的破拆、资源再利用将是未来巨量建筑的一个难题。这时候，建筑破拆机器人必然会派上用场。

当然，建筑机器人本身也会反过来影响建筑业的走向。比如，装配式建筑更有利于建筑机器人从业，那么，未来的建筑将大量变成装配式建筑。智能建造施工工艺帮助“建筑工业化发展”，探索出全新的适合建筑机器人的施工工艺及方法。从建筑构件的生产、搬运、定位、固定等环节，制定机器人化的工艺流程。这样，才可能让机器人确实可行地走进工地，替代建筑工人。未来的社会，建筑会有很大的变化，人类会从地面建筑向地下深层做建筑，而且是“超高层建筑”。比如地下的核电站、地下超导电能的储存库，甚至建筑机器人在水下、太空也会有很多应用。

9 各行业需要的巡检机器人

哈尔滨工业大学是我国最早开始机器人研究、教学和产业化推进的大学之一。从20世纪80年代以来，哈工大就启动了机器人研究。几十年来，取得了非常辉煌的成果。哈工大机器人技术与系统国家重点实验室副主任朱延河博士概括性地总结说："如果要讲哈工大机器人研究的特点，我觉得只有一个，那就是'永远服务于国家重大战略需求，并做出应有的贡献'。"

1986年，哈尔滨工业大学成立了机器人研究所，在蔡鹤皋院士的带领下成为我国最早开展机器人技术研究的单位之一。成立不久，就研制出我国第一台弧焊机器人和第一台点焊机器人。此后，我国第一台爬壁机器人、空间机器人、月球车也在哈工大诞生。朱延河博士表示，不管什么时候，哈工大机器人的研究，都永远要和国家的战略需求紧紧绑定在一起。国家需要什么，就努力去研究什么，并想方设法将其产业化，造福更多的人。"比如，从航天事业上来说，宇航员是必然要被机器人取代的，因为太空的环境太危险了。我们就致力于空间机器人的研发，取得了不错的进展。再比如，在一些冶炼企业，有些地方极端的高温高压，也不适合人在这种环境下工作，就需要能够取代人的机器人去完成相关的任务。再比如，核生化的环境对人的影响也很大，有没有可能研究出能够在核环境下自如工作的机器人呢?这也考验着我们的研究水平。再比如，机器人需要适应多种环境，我们就从事'变形金刚'式的自重构机器人研发，让机器人未来无所不在，无所不能。"触景无限公司在低功耗感知芯片、人脸智能识别系统、低功耗安防系统等方面，具有不少独创的技术和产品。从2020年新冠肺炎疫情之后整个社会都非常迫切地复工复学来看，最需要解决的问题就是快速测温。该公司生产的产品，恰恰能够满足这个节点的需求。“无感测温”系列产品最远可在10米左右对通过的人群进行自动测温；最高的容量可在一帧之内，实现80人以上的同步精准测温，并快速排查体温偏高的人员。抓拍率达99%，准确率达98%以上。这样的产品对瞬间人流通过量高的大学校门、中小学校门、车站、机场、地铁出入口、企业进出口、商业楼宇上下班节点，具有非常好的应用解决能力。

触景无限公司总经理肖洪波介绍说，学校的安全受到整个社会的关注，一个典型区域可能涉及数百所学校，需要无感测温去保障此类人员密集区域的安全。北京师范大学已经采购了触景无限的产品，清华大学及其他各地的大中小学也准备采用。“无感测温”这样相对隐形化、智能化、快速化的设备，对当前提升各封闭区域的生态和社会安全具有非常普遍的意义。如果“无感测温”系列产品得到普及，那么，目前在门口还依赖人工逐一测温的“额温枪”就有可能成为历史。

室内巡检机器人

触景无限其他的产品在智慧城市中也很有发展前景。比如智慧灯杆，可更好地帮助很多智慧城市落地和达标。比如人脸识别技术，除了在安防领域的广泛应用之外，还可能带动“无感支付”的全面应用。一些专家对触景无限最感兴趣的是产品的低功耗，在很多特殊的地方，就可能依靠极少量的独立电源展开工作，比如太阳能、风能。如果触景无限这样的前端智能识别系统安装到特种机器人身上，成为这些机器人敏捷而智慧的“双眼”，对特种机器人将产生极好的促进和提升作用。

安全是一个非常广泛的话题，除了对人的直接生命财产安全要进行保障，也要对人所生存依赖的环境进行保障，这样才可能子子孙孙无穷尽。在这方面，智慧林业的集成应用系统非常需要自主创新。湖北林业科学研究院的办公地点在武汉九峰林场下面。2015年以来，湖北林业科学研究院与湖北泰龙互联通信股份有限公司联合组建了“智慧林业”工作室，投入五年多的时间，共同研发出了“智慧林业”云平台。巨额的前期投入和研发人员的全身心工作，取得了丰硕的成果，2020年，智慧林业云平台系统已经升级到3.1版本。整个系统的运营成熟而稳定，功能强大且特色突出。湖北林业科学研究院院长张维介绍说，智慧林业系统除了在武汉九峰林场建设了示范项目之外，在湖北阳新县、大悟县、浠水县、罗田县、钟祥市、太子山林场得到了全面的应用。有了这套系统，整个森林的状态就得到了全面的观察和监控。森林里的水体、土壤、空气质量监测信息随时可以被云平台记录；森林里的植物、动物的情况也会得到统计和追踪。这个系统除了配备大量传感器之外，还运用了无人机定时开展巡察。可以说，遥感、无人机、热成像记录仪等联合发力下，整个森林的秘密都可以被人类比较准确地掌握。

泰龙互联通信“智慧林业”项目负责人张鹏介绍说，这个系统由很多功能模块组成，监测模块可以充分了解森林生态环境的现状，防火模块则可以随时对森林火情火警进行预警，灵敏的热成像技术能够快速察觉火情并给出最佳的扑救方案和路线。森林除了防火之外，最害怕的就是乱砍滥伐和盗猎野生动物。智慧林业云平台可以发挥强大的威力，除了在各个卡口对来往人员和车辆进行全方位的抓拍和人脸识别之外，对在林区里的活动也可以实现有效地发现。因此，这样的系统不仅对森林执法部门很有价值，对野生动植物保护志愿者也很有价值。野生动物的疫情防控是政府部门一直在严抓的头等大事。如何对野生动物的疫情实现快速觉察并给出精准的判断呢？智慧林业云平台考虑到了良好的解决方案，通过对当地鸟类、兽类的大数据积累，可以在常态下了解鸟类和兽类的基本分布。一旦发生野生动物患病、可疑死亡，或者被人捕捉到市场上销售的现象，智慧林业云平台将能够第一时间感应到并进行预警和提示。这套系统怎么应用呢？张鹏介绍说，除了“智慧林业”所倡导的“一张图”要求，也就是所有信息集成到一个界面上方便工作人员快速进行决策参考之外，还可以下载到每个人的手机上，只要工作人员坚持打开智慧林业的软件，就可以随时获取各种信息。万一有些工作人员没有及时开机或者打开系统，智慧林业的运营后台值班人员、当天值勤人员，也会及时把信息进行快速上报。采用智能加人工保障的方式，就能够确保各种信息得到及时的应用，避免产生延误和差错。

10 水上水下的特种机器人

城市、森林、农村和荒野都只是陆地生态系统，水下生态系统也活跃着很多机器人。水下机器人涉及动力、密封、通信等方面的难题，想要长远发展，除了资金和人才的“充足供应”之外，还需要非常执着的信念和一往无前的自主创新精神。2018年北京大学120周年校庆的时候，多款仿生机器鱼畅游北京大学未名湖，成为校庆的一景。这些机器鱼都来自北京大学智能仿生实验室。实验室负责人谢广明教授介绍了他们在“智能仿生机器鱼”领域的研究思路和进展。他说：“所谓仿生机器人就是指具有生物特征和功能的机器人，我们的主要研究是如何提高仿生机器鱼的智能性和自主性。水下环境非常复杂，机器人在水下感知、通信、定位等方面的能力非常有限。我们的目标是研究出机器鱼群，所以既要注重单体技术的研发，也要注重群体技术的研发，我们希望机器鱼群可以解决一些实际问题。”

经过近20年的积累，实验室研发了多款水下仿生机器人样机，包括仿生鲤鱼、仿生海豚以及一些仿生两栖类水下机器人。研发的机器鱼先后于2012年和2014年在南极和北极海域实现成功首航。团队研究的仿生箱鲀机器鱼很有特色，箱鲀的形状像一个盒子，内部空间大，可以增加有效载荷。箱鲀的外形也很有特点，虽然它内凹的形状看上去很丑陋，但面对水流冲击却有很好的自稳性和灵活性。团队完成的样机包含一对独立驱动的胸鳍和一个尾鳍，它们相互配合让机器鱼可以像真鱼一样游动，前进、后退、上浮、下潜，还可以进行左右转弯以及灵活翻滚等复杂的三维空间运动，具有良好的机动性。这条灵活的鱼儿可以实际应用于海洋开采，代替人力进行近浅海的海洋生物捕捞，更曾远赴南极和北极参加实地科考，在冰天雪地的环境中取得了不错的测试效果。除了运动仿生研究，研究团队还关注感知仿生研究，提升机器鱼的水下感知能力。生物学家指出鱼类有一类特有的水下感知器官——侧线系统，让鱼可以充分感知周围水流变化，适应水中生活。团队为机器鱼研制了人工侧线系统来感知环境信息，比如仿生鱼通过侧线可以估算其相对于水流的速度，还可以通过侧线系统来感知与伙伴的位置关系，比如前面一条鱼在游动，后面的鱼通过侧线系统来感知前后距离、左右距离以及两条鱼之间的夹角等信息。

水下通信一直是水下机器人发展应用的重要议题，研究团队为此开展了通信仿生研究。生物界有一类弱电鱼，可以调整身体的机能，让自己身体周围形成一个电场，这个电场是变化的，可以把信号加载上去传递给它的伙伴。受到这种鱼的水下感知通信方式启发，团队开始建立模型，并进行理论分析，设计相应的电路系统，给仿生鱼安装发射电极和接收电极，最终成功实现了仿生机器鱼的新型水下通信方式。

谢广明教授介绍说，要做“仿生研究”，基本思想就是向大自然学习，以大自然为老师，对于一些比较好的生物特性，要尝试用于仿生机器人。个体仿生主要是实现高机动性、高效率的运动；而通过通信组网，研发人员可以实现“群体仿生”。想象这样一个应用场景：派成百上千成本低廉的机器鱼一起下水去搜索失事飞机，这成百上千的机器鱼很有可能完成这种“大海捞针”的任务。他们在北大未名湖测试表明，当仿生机器鱼在水里游动时，真鱼会被吸引并跟在后面，这说明机器鱼对真鱼的活动产生了影响。这是一个很有意思的现象，将来或许可以研究用仿生机器人去影响自然界，构成一种机器和生命相结合的混合系统，达到一种道法自然的境界。

水下仿生机器鱼的潜在应用非常广泛，可以概括为水下的机器换人。凡是现在人类所涉及的各种水下作业，以后都可以被机器替代。

例如环保监测、水产养殖、船体清洁、大坝桥墩检测维修及水下采油采矿等，还包括军事国防方面。特别地，不仅是机器换人，还可能会有“机器换动物”，一些涉及水下生物的娱乐休闲活动，也可以考虑让机器代替动物，让动物回归自然。今后的海洋可能会生活着各种各样的仿生机器人，构成一种新的生态系统。

2015年，谢教授的博士生熊明磊基于实验室的研究积累，联合一批由博士、硕士组成的研发团队，创办了博雅工道（北京）机器人科技有限公司（简称“博雅工道”）。该公司主要从事水下机器人及自动化设备研发、机器人技术培训及服务等方面工作。作为水下装备行业的领军企业，他们先后攻克了水下仿生、运动控制、水下通信、水下协同等多项关键性技术。

博雅工道在仿生鱼领域也有相当深的技术积累，先后研发了仿生箱鲀、仿生金龙鱼、仿生鲨鱼和仿生蝠鲼等。其中，仿生鲨鱼曾获特种机器人“2018世界机器人大会最具创新产品奖”；仿生金龙鱼外形逼真，惟妙惟肖，在水中和生物鱼混合游动时真假难辨，达到和真鱼相混淆的效果，可应用于教育科研、文娱、海洋生物研究等多个领域，作为游乐场所的观赏鱼使用时可真正实现让动物回归自然。

水下作业“能手”的背后是一系列硬核新技术的支撑。鱼形水下机器人研发项目的全称是“复杂水下环境勘查集群仿生机器人关键技术及应用”，由博雅工道、南京工程学院和东南大学共同完成。该项研究获得了国家自然科学基金、江苏省人才计划和企业科技支撑项目等10余项资助，科研攻关历时6年，在水下仿生机器人软体亲水型材料、多关节仿生结构与推进系统设计、惯性基的水下组合导航定位技术、基于群体智能协同的水下勘查决策等方面均取得突破。该项目自主设计了柔性多关节鱼形仿生机器人结构，有效减小流体阻力，解决了机器人在复杂水下环境里电机频繁换向和缺相故障问题，提高了稳定性。该项目将结构仿生与材料仿生相融合，突破了仿生鱼皮材料耐压等级低、防水性能差、减阻效果弱的技术瓶颈，研制出机器鱼新型肌肉材料。该项目还发明捷联惯导快速对准估计方法，设计基于智能控制的多源信息自适应滤波器，实现信息源的即插即用，在该领域达到国际先进水平。更值得骄傲的是，该项目的成果已实现产业化运作，成功应用于水下沉潜油监测、水域污染物追踪溯源、水下救援侦查、海洋生物观测、水下构筑物勘察、消费级水下无人机等领域。

2013年，魏建仓离开部队，创办深之蓝海洋科技股份有限公司（以下简称“深之蓝”）的时候，很多人担心他的水下特种机器人之梦很难实现。魏建仓在一次创业主题的演讲中说：“2013年公司刚成立的时候，我们做的第一页PPT上就写着‘创建一家受人尊敬的、一流的高科技公司。’但怎么能受人尊敬？什么是一流？说实话，我自己当时都不太清楚，唯一确定的就是我要做水下机器人。但今天回头看，深之蓝所做的一切，始终贯彻着这一初衷。”

这一初衷的主线就是自主创新，其核心部件水下推进器的自主研发是深之蓝迈开自主创新的第一步。水下机器人要想在水中行动自如，必须有小体积、强动力、高可靠性的水下推进器。如果不能研发出具有自主知识产权的水下推进器，那么就只能进口，进口产品不但价格昂贵，还有很多其他的条件限制。因此基于进口推进器研发出来的所有产品都很难具有良好的市场竞争力。众所周知，水下的机器人、天上的无人机、陆地上的机器人，其最核心的部分都与“发动机”或者说动力系统有关。所以，自主研发水下推进器，无论是从眼前的公司存活，还是从长久的核心技术壁垒建设考虑，都是一个必须要做的事情。2015年之前，我国在这个领域远远落后于美国和欧洲其他国家，深之蓝的技术团队开始得到公司下达的“自主研发水下推进器”命令的时候，觉得这是根本不可能的事，因为落后的时间太长了。但水滴石穿、铁杵磨针，看起来再难的事情，只要坚持不懈地做下去，都会有成功的那一天。魏建仓说：“这也是我创业多年的一点感悟：目标一旦选定，不管多难一定要干到，干不到就没有生存的机会。”

从2015年上半年决定自己做水下推进器开始，一直到2016年下半年才取得突破，其间有一千次以上的实验。因为水下推进器除了需要具备小体积、大推力的特点，对可靠性的要求也非常高。目前，深之蓝的水下机器人全系列产品应用的水下动力系统已经完全自主化。

深之蓝将一直专注于探索水下新世界，致力于为人类水下资源的开发保驾护航。与“深之蓝”一起保护海洋生态系统安全的，还有我国著名上市公司海兰信集团。海兰信公司总工程师李常伟介绍说：“智能船舶将成为船舶工业未来人工智能技术应用的热点。图像识别、高级决策控制算法等人工智能技术获得了非常大的技术突破，在无人驾驶汽车领域得到了广泛应用，推动产业进程发挥了重要作用。类似通过人工智能技术的应用提升智能船舶的识别能力与处理能力，使智能船舶具备类似人的自主驾驶能力，这也是智能船舶发展的远期目标——无人驾驶船舶。”

海兰信智能航行系统能够辅助船舶驾驶，让驾驶决策过程更加便捷，帮助提高航行安全。熟悉船舶的人都知道，在海洋船舶上工作是非常劳累和辛苦的，很多船员在高负荷工作强度下容易犯困和走神。配备智能系统可以帮助船员降低劳动强度，提高运行安全度。而且让数据及时上传到岸基，帮助航运公司精准把握与航行相关的各类信息，甚至可以提升物流运营能力。李常伟介绍说，大数据和云服务已势在必行，海兰信率先提出业界数据服务模式，构建“海兰云”大数据平台，包括本船运行数据以及船舶航经海域的海洋数据，为航运公司提供船队调度管理、为港口提供智能靠离泊、为海上施工提供数据保障等。此外，海兰云有针对个人客户的APP，为个人海上航行或渔船提供类高德导航、遇险报警及鱼群信息等服务。那么海兰信的水上无人系统是不是一种无人船？是不是水上的特种机器人呢？李常伟确定地说，水上无人系统确实是服务于水上和水下环境监测的特种机器人，只是做成了小艇的形状。它们身上除了动力和航行系统之外，还安装了雷达、光电等传感器，也安装有基于卫星的传输和定位系统。

雷达可以发现物体，但无法描述其具体形态。基于光电的视觉设备和基于声呐的定位设备等，则可以形成非常立体的实况感知体系。这些设备目前很受欢迎，已经应用到卫星发射时海上测控保障。李常伟透露，海兰信无人水上系统在实际应用中已日臻成熟。2016年，无人艇载三维地形测绘系统已经开始应用于河湖测绘、桥梁、堤坝等工程案例；2017年在潘家口水库失踪潜水员搜救工作中发挥了至关重要的作用，无人艇自组网测量系统也于2019年在舟山成功示范演示。中国海域是世界上交通最繁忙最密集的海域，全面掌握海洋信息和船舶信息是为了更安全地助力我国的海洋经济发展，保护海洋生态环境，保障海上工作人员的生命安全。海兰信投入大量的技术研发力量，为船舶安全驾驶增加能力，用智能赋能船舶行业新动能，为下一步实现智能航行无人驾驶打下基础。

无人船

11 太空游走的特种机器人

地球上需要特种机器人，太空、外太空也非常需要特种机器人。过去几十年来，太空机器人的研究正从相对简单的“遥控机械手”全面向高度智能的“自主机器人”迈进。无论是神舟飞船、嫦娥一号，还是天问一号、祝融一号，或者是“火星车”“月球车”，都涉及远程干预。那么，“太空机器人”是如何帮助科学家完成相关科研任务的呢？从定义来看，太空机器人是一种在航天器或空间站，或者在地球之外的星球上，完成预定作业任务的、具有人工智能的“通用机械”系统。想象一下就知道，太空机器人工作在微重力、高真空、超低温、强辐射、照明条件差的空间环境下。这样的环境与地球上的各种机器人是绝对不相同的。在失重条件下，物体处于漂浮状态，给太空机器人的操作带来种种困难，最直接的是，空间视觉识别以及视觉与手爪的配合较在地面上更为困难。太空机器人需要采用三维彩色视觉系统，以便同时确定物体的位置和方向，还要有便于更换的灵巧末端操纵器，利用其接近觉、触觉、力觉、滑觉传感器，配合视觉系统，完成各种操作任务。太空机器人需要完成的任务很多，比如空间建筑及装配，比如卫星和其他航天器的维护与修理，比如空间生产和科学试验。在早期，太空机器人还不是特别智能化的时候，更容易被称为“遥控机械手”。它可以说是最简单的太空机器人。它其实是一种由人操纵的多关节机械装置，仅起执行机构的作用。操作者在地球上，存在信号传输和处理的延时，控制系统可能失稳。1967年，美国“观察者”航天器上安装的就是这一类机械手，它在地面操作者控制下，用手爪在月面上完成了挖沟操作并进行了土壤实验。1976年，美国“海盗”号火星登陆器上，安装的机械手在接收地面遥控指令后，启动一个预先编好的程序，在指定的表面着陆，取回火星表层的土样，并完成挖沟操作。美国航天飞机上安装的遥控机械手在航天员的遥控操纵下多次成功地释放卫星入轨，并在轨道上回收了出故障的通信卫星。1986年2月苏联发射的“和平”号空间站上也安装了遥控机械手，它能将对接在轴向对接口上的航天器转移到侧向对接口上，腾出轴向对接口，供下次对接时使用。现在，各国全力研究的是太空自主机器人，争取在不需要人操纵的前提下，能够智能化地自主决策和行动。它具有视觉、听觉、触觉等感官功能。机器人接到后台传来的命令后，能够自行规划、编程、诊断、决策，自主完成装配、修理或实验任务。它也可乘坐喷气背包，到远离空间站的轨道现场执行任务。可以肯定，自主机器人是太空应用机器人的必然发展趋势。2011年2月24日，佛罗里达州的肯尼迪航天中心，美国宇航局就安排一台类人机器人搭乘“发现”号航天飞机奔赴国际空间站。我国的哈尔滨工业大学、上海交通大学、中国空间技术研究院，都有专门的团队研究“月球车”。2013年，我国“探月工程”进展到从绕月观测到落地月球表面进行采样和观察的阶段。这时候，“月球车”这个特种机器人就派上用场了。跟随嫦娥三号奔赴月球表面完成相关科研探测任务的月球车，后来被命名为“玉兔一号”。它作为中国首辆月球车，设计质量140千克，能源为太阳能。它能够耐受月球表面真空、强辐射、零下180℃到零上150℃极限温度等极端环境。月球车具备20°爬坡、20厘米越障能力，并配备有全景相机、红外成像光谱仪、测月雷达、粒子激发X射线谱仪等科学探测仪器。“玉兔二号”是随“嫦娥四号”登陆月球的月球车，于2019年1月3日完成与嫦娥四号着陆器的分离，驶抵月球背面。它首次实现在月球背面着陆，成为中国航天事业发展的又一座里程碑。“玉兔二号”巡视器上安装了全景相机、测月雷达、红外成像光谱仪，以及与瑞典合作的中性原子探测仪。这些仪器在月球背面通过就位和巡视探测，开展低频射电天文观测与研究，巡视区形貌、矿物组分及月表浅层结构研究，并试验性开展月球背面中子辐射剂量、中性原子等月球环境研究。此外，着陆器还搭载了月表生物科普试验方面的设备。“月球车”无论是轮式的还是腿式的，从基本素质来说，都应具有前进、后退、转弯、爬坡、取物、采样和翻转等基本功能；从智慧能力来说，它要具有初级人工智能，如识别、爬越或绕过障碍物等。月球车需要具备独立处理各种环境的能力。由于距离太远，无法通过遥控的方法处理反馈信息。需要配置若干个传感器，在得知周围环境、自身姿态、位置等信息后，通过地面或车内装置，形成三维地形图，进而编辑方向，勾画出到达目标点的路径，并导航控制月球车走到目的地。

2020年7月23日，长征五号遥四运载火箭推动着肩负中国首次火星探测任务的“天问一号”探测器，在海南文昌航天发射场点火升空。2021年4月24日，在2021“中国航天日”开幕启动仪式上，中国首辆火星车宣布诞生，命名为“祝融号”。

“祝融号”高185厘米，重约240千克，设计寿命为3个火星月，相当于约92个地球日。祝融号火星车上，搭载了6台科学仪器，包括火星表面成分探测仪、多光谱相机、导航地形相机、火星次表层探测雷达、火星表面磁场探测仪、火星气象测量仪。相较于国外的火星车，“祝融号”移动能力更强大，设计也更复杂。它采用主动悬架，6个车轮均可独立驱动，独立转向。除前进、后退、四轮转向行驶等功能外，还具备蟹行运动能力，用于灵活避障以及大角度爬坡。它更强大的功能还包括车体升降能力，在火星极端环境表面可以利用车体升降摆脱沉陷；尺蠖运动能力，配合车体升降，在松软地形上前进或后退；抬轮排故能力，遇到车轮故障的情况，通过质心位置调整夹角及与离合的配合，将故障车轮抬离地面，继续行驶。

12 特别好玩的娱乐机器人

看过《澳门风云3》这部电影的朋友们，一定对剧中的机器人管家——“傻强”记忆深刻。在电影中，能够斟茶、变形、喷火的傻强让很多人对娱乐机器人产生了浓厚的兴趣。实际上，这种机器人早已经出现在我们的生活中。说起娱乐机器人，就要介绍一下中国科学院自动化研究所。这家研究所以智能科学与技术为主要定位，是中国科学院率先布局成立的“人工智能创新研究院”的总牵头单位，是我国最早开展类脑智能研究的国家研究机构，也是国内首个“人工智能学院”牵头承办单位。中国科学院自动化研究所长期坚持“智能科学与技术”研究，在复杂系统智能集成、模式识别、机器学习、计算机视觉、语音语言信息处理、类脑智能、智能机器人、智能系统和智能芯片等领域形成了鲜明的学科优势和技术特色，具有从原始创新、核心关键技术研发到技术转移转化的完整智能技术创新链。2016年起，中国科学院自动化研究所率先布局博弈智能研究，逐步形成了数据智能、类脑智能和博弈智能的完整布局，并产出了一系列重要成果。早在2012年，中国科学院自动化研究所就在“娱乐机器人”研究方面颇有建树，研制出了包括打乒乓球机器人、仿生机器鱼、导览机器人和画像机器人等系列“娱乐机器人”。这些娱乐机器人的项目成果广泛应用于科技馆、博物馆、商场、办事大厅和医院等公共服务场所。当然，一些技术厂商也在抓紧推出娱乐机器人产品。比如优必选、康力优蓝、祈飞科技等多家机器人企业，先后推出了具有聊天、教育、陪玩功能的多种娱乐机器人，给人们的日常生活带来了许多乐趣，同时也让人们的生活产生了诸多变化。一些厂商还把娱乐机器人与儿童教育链接下来。一个原因是，在教育行业观念变化的情况下，中小学阶段的计算机编程教育被广泛推广，具有编程教学功能的机器人越发受到市场欢迎。另一个原因是，机器人教育已经在美国、日本、英国等海外市场得到实践，这种教育方式逐渐得到家长和孩子认可。在国内媒体和商家的推广下，机器人教学这种教育方式很快便在国内市场火爆，进而带动整个国内娱乐机器人通过教育市场，获得迅猛增长。

这样的形势下，国内部分机器人企业，如优必选、康力优蓝等品牌已经融入多种教学功能，并兼有娱乐功能。沈阳自动化研究所机器人重点实验室是我国机器人学领域最早建立的部门重点实验室。我国机器人学领域著名科学家蒋新松院士曾任实验室主任。自成立以来，实验室在机器人学基础理论与方法研究方面与国际先进水平同步发展，并在机器人技术前沿探索和示范应用等方面取得一批有重要影响的科研成果，充分显示出实验室具有解决国家重大科技问题的能力。

13 新需求牵引新技术创新

机器人要想“运动”，尤其是按照指令精准协调动作，就需要有精密的传动系统。目前在产业界，传动系统一般有两种：一种是液压传动；另一种是电机传动。传统液压技术的优势在于其功率密度是电传动的5~10倍，其不足是难以实现精密控制。

数字液压改变了液压难以实现精密控制的不足。北京亿美博科技有限公司总经理杨涛有个形象的比喻：“如果说钢铁是机器人的骨骼，那么，液压传动系统就是机器人的肌肉。液压传动技术的全面数字化，正在推动装备制造业从机械化向数字化和智能化迈进。”液压传动涉及机械、流体、电气、自动化等多学科融合，因而技术门槛高，是工业传动及自动化发展的“锁喉之痛”。在过去，我国液压技术的发展一直基于国外技术路径。亿美博数字液压技术另辟蹊径。他们采用了一种极其简单、可靠、有效的新方法，将原本复杂的问题简单化，简单到很多人认为不可思议。数字液压技术目前已经在很多领域得到实证化的应用，包括军工、冶金、能源、机械制造等，此前很多质疑的人也纷纷成了支持者和追随者。以前大家喜欢谈弯道超车，有一个专家看了数字液压技术后感慨地说，这比弯道超车厉害多了，这是换道超车。亿美博公司研发的数字液压技术，通过巧妙的机械设计，将油缸、数字阀、传感器和反馈控制的功能集为一体。数字液压执行器件（缸、马达）的运动特性与电脉冲一一对应，电脉冲的频率对应油缸的运动速度（油马达角速度），电脉冲的数量对应油缸的运动行程（油马达角度），负载、油压、温度甚至内外泄漏等变化时，精度依然可以保证，这样的液压技术称为数字液压。数字液压是近些年国际发展趋势，是伺服阀控液压技术的升级。亿美博的数字液压技术能实现“微米级精密控制”的核心原因，是“机液闭环的伺服控制技术”，其与“电液伺服阀控”最大的不同在于，它利用巧妙的机械结构实现了液压传动器的精密反馈控制，让液压传动控制大为简化，让使用者把精力直接关注在目标需求上，不必再受过程干扰。数字液压不仅大幅降低了技术门槛，对电离电磁、油液污染、冲击振动、温度范围等的耐受也能大幅改善，从而实现人人会用、人人用好。

液压技术是工业领域最重要的传动技术之一。随着计算机技术的不断进步，液压技术也必然要与计算机技术结合。虽然液压不算大产业，每年只有400亿~500亿元的市场，但却影响着中国制造业发展的巨大进程。目前，工程机械5 000亿~8 000亿的产值中，超过一半的利润被国外液压公司赚走。这个局面已经被亿美博改变。杨涛讲了一个故事：东方电气公司原来采用德国的液压传动控制系统，德方的价格近600万元，安装和调试约2个月。而亿美博的数字液压系统只是进口价格的几分之一，安装调试时间不到2天。东方电气敢于创新突破，将亿美博数字液压系统成功应用在了国家大型水力发电项目上。建筑工业从铁锹锄头的人工1.0时代，发展到工程机械大量应用的机械化2.0时代，建筑效率大幅提升。工程机械的机器人化3.0时代和大量智能化技术落地建筑工业进入4.0时代，将会进一步促进建筑工业的创新高质量发展。而现阶段升级工程机械使其数字化和机器人化是行业发展的热点。把工程机械当机器人来做，意味着工程机械将越来越灵巧、自主、智能。工程机械梦寐以求的“无人驾驶”采用数字液压技术和相关的控制软件系统之后，可以花极低的代价全面实现这一功能。杨涛展示了一台他们花费几百元在已经实现数字化升级基础上改造成功的无人驾驶摊铺机。他说：“传统液压和控制系统花费几十乃至百万元，改造升级的效果也不尽如人意，而在数字液压基础之上推动网络化、信息化、自动化、智能化等，反而容易很多，因为全新的数字化平台摆脱了大量模拟技术不足带来的束缚让事半功倍。无人驾驶智能作业的工程机器人，在我们看来，并不难。”

2021年7月14日，第七届中国机器人峰会在浙江宁波余姚举行。在“峰会”配套的展览会上，有人惊喜地捕捉到了浙江凯富博科科技有限公司的“特色”。这家公司喊出的口号是“让机器人完成急难险重的工作”。他们的自主创新产品让人们眼前为之一亮。他们在现场重点展示了水星、海王星、天王星系列产品，主攻的都是“主从控制液压机械臂”。这些液压机器臂之所以能够制作成面向市场的特种机器人产品，与他们全自主研发的微型液压马达、液压缸、液压机器臂运动控制器、液压伺服驱动器有关。据“凯富博科”公司董事长辛华伟介绍，2020年6月12日，“凯富博科”就在浙江金华召开了“特种行业主从控制机械臂发布会”，正式推出了“Mercury水星”6+1轴主从控制液压机械臂。当时，专家认为它弥补了国内在这个领域的短板，打破了国外企业的垄断。早在2019年12月，倾注着众人心血的“双子座”主从电动臂样机就成功交付，在电网企业的配网带电作业中有了不俗表现，迅速吸引了国内诸多大客户的目光。客户持续给出的评价是:“国产的不比进口差。”在国内，液压驱动机械臂作为一门窄领域的高新制造业，技术门槛非常高，生产企业为数不多。“水星”这款液压机械臂，重点针对电力带电作业用户，同时也满足深海作业，在高强度和高密闭性设计的保障下，可在水下3 000米可靠运行。这样，一旦水下有任何需要搬运、移动、救援的需求，就可派遣“水星”潜下水去完成作业任务。操作人员在岸上可远程进行精细操作。“水星”最大抓举重量可达82千克，即使在全臂展状态下，负重也可达45千克。流畅的运行系统以及毫米级的精准度，加上1.3倍持重的重比，让机械臂能够快准狠地完成作业。同时，符合人体功能学的主臂设计也让远程操作者有更舒适的体验，可同时进行双臂协作控制。它适合海洋工程、电力工业、核工业、应急救援等相关行业。

随着微纳技术与机器人融合发展，微纳机器人逐渐走进人们的视野，成为“共融机器人”中的一员。微纳机器人是什么呢？苏州大学机电工程学院院长孙立宁教授介绍，微纳机器人指尺寸在微米、纳米级别，可对微纳空间进行操作的功能器件；也指能够处理微纳米尺寸部件的机器人。它的最大特点就是操作尺度小，小到尺度为毫米、微米和纳米量级的零件，人类都能轻松操控。

20世纪80年代，“微纳机器人之父”、日本名古屋大学教授福田敏男提出这个概念之后，微纳机器人一直作为机器人领域的前沿方向，吸引着一批国内外优秀科研工作者投身其中。1990年，正在哈工大攻读博士的孙立宁，在导师、中国工程院院士蔡鹤皋教授的引领下，开启了他微纳机器人技术的研究之路。经过5年的不懈努力，他们团队研制出了“高性能压电陶瓷驱动电源”与全数字控制器、纳米级微驱动系统。这些成果广泛应用于微位移输出装置、力发生装置、机器人、光学扫描等领域。与此同时，他还开发了6自由度并联微驱动机器人、6自由度纳米级宏/微操作并联机器人、两个自由度大行程微驱动机器人等多种纳米级微驱动机器人。从1996年起，孙立宁以微驱动机器人为基础，进行了面向MEMS组装和封装、生物工程、光纤作业等领域的微操作机器人的研究，分别建立了微操作机器人系统，其中8种微操作机器人得到推广应用。这些成果提升了我国精密、超精密作业机器人与机电一体化装备的自主创新能力，为国家重大科学工程提供了技术和设备支撑，切实提高了相关行业领域的操作精度、产品质量和生产效率。

在纳米游动机器人领域，孙立宁团队探索这一多学科交叉的前沿热点，提出了一种融合纳米游动机器人和微纳操作机器人而形成的业务协同、功能共融的多尺度微纳米机器人创新体系结构，为现代纳米医学提供关键理论与技术支撑，增强我国在生物医药与治疗领域的自主创新能力，加速我国靶向药物研发进程。

2022年2月2日，在北京冬奥公园举行的2022年冬奥火炬传递活动中，我国研制的水陆两栖机器人和水下变结构机器人实现了奥运史上首次机器人水下火炬传递，两型机器人手持火炬在水下对接点火成功。在火炬传递中，火炬手将奥运圣火传递给一台水陆两栖机器人，水陆两栖机器人手持燃烧火炬，沿冰壶赛道旋转滑入冰洞口；一台水下变结构机器人向其靠拢，两台机器人手持火炬在水下精准对接点火；水下变结构机器人手持点燃火炬从冰洞口出水，将奥运圣火传递给下一棒火炬手。水下传递火炬机器人是在科技部国家重点研发计划“科技冬奥”重点专项支持下，由中国科学院沈阳自动化研究所牵头，联合北京动力机械研究所、广东智能无人系统研究院等单位研制的。科研团队集智攻关，突破了冰水跨介质高适应性运动控制、复杂流场扰动的水下动态对准、水下机械臂厘米级精准作业、跨介质可靠燃烧组织等关键技术，实现了本次冬奥火炬的水下传递。

水下传递环节共包括机器人冰面滑行入水、水下火炬交接传火、机器人出水三个部分。首先出场的是水陆两栖机器人，形态与图饰色彩持重而灵动。从外观上看，它颇似一颗滴溜溜转的冰壶。冬奥火炬被设置在它的把手位置，好像正在被高高举起。手持燃烧着的火炬，水陆两栖机器人沿冰壶赛道旋转滑入冰洞口，在水下呈现出“水火交融”的神奇景象。与此同时，水下变结构机器人也做好了准备，它的机械臂紧紧握住火炬，不断向水陆两栖机器人靠近，并在10秒内准确接过火种，完成传递。水下奥运火种传递交接点燃了人们对北京冬奥的激情，展现了北京冬奥“一起向未来”的理想和中国人工智能机器人科技发展的进步。

本次机器人传递的特种火炬，在下水前能够自主补氧，在水下不依赖空气中的氧气。中国航天科工集团三院三十一研究所对燃烧器进行了专门的设计，通过燃烧器的物理结构和气动特性对火焰进行保护，防止水环境对火焰的破坏。“冰下开展机器人与机器人的精准对接与水下点火，既是机器人跨域火炬传递最大的亮点也是最大的难点，其难度堪比太空舱对接。”国家重点研发计划“科技冬奥”重点专项“多机器人跨域火炬传递技术研究与系统示范应用”项目负责人田启岩博士说。为适应活动现场环境，确保对接瞬间万无一失，现场团队提前进驻北京冬奥公园，对机器人火炬传递任务进行了多轮优化，在25天时间里开展了近百次测试，进一步提升了机器人的控制性能和稳定性。

2021年7月底开始，南开大学文学院艺术设计系主任、数字创意与智慧设计研究中心主任薛义教授应上海交通大学和沈阳自动化研究所之邀，为两所单位研发的北京冬奥会火炬传递机器人做视觉形态设计。在近半年时间里，薛义团队深入研究了不同原型机的功能与结构、形态与运动特点、视觉形态与时代品格，材料与色彩、工艺技术与安全稳定、图饰设计与文化内涵、与奥运精神的关系，以及冬奥标志符号应用等种种细节，为冬奥火炬传递和运动机器人形韵设计进行了充分研究和系统设计。薛义说："我们一共应邀承担设计了九款冬奥机器人的样貌与神态，对它们不同的功能形态、视觉神态、应用场景进行了数十次的设计与修改完善，最终奥组委用于火炬传递的是其中的两款。除了水陆两栖机器人和水下变结构机器人之外，还有飞行机器人、陆地六轮机器人、攀爬机器人、滑雪机器人、滑冰机器人、冰壶机器人和导盲机器人的'智形'设计，将陆续在冬奥会冰雪运动和冬残奥会展示服务中亮相，并应用到未来生活。"

14 爬壁机器人的特殊作业

飞檐走壁是许多动物与生俱来的能力，壁虎则是爬壁能力极为突出的动物之一。这种神奇能力来源于壁虎的脚趾，它能与固体表面快速黏附，又能够快速“去黏附”，因而能在与地面近乎垂直或平行的表面快速移动。在壁虎出没的地方，人们晚上躺在床上就可以欣赏它一会儿在墙壁上飞跑，一会儿在头顶天花板上悄悄地捕食。如果我们能够研发出一只仿生壁虎，那世界该会发生什么样的变化呢？就此问题，有人专门采访了南京航空航天大学机电学院教授、江苏省仿生功能材料重点实验室主任、南航仿生结构与材料防护研究所所长戴振东。壁虎自由行走的核心原因在于“范德华力”。戴振东介绍说，壁虎其实没有“吸盘”。当科学家解析、透视了多只壁虎之后，才发现壁虎脚趾端膨大的足垫并不是吸盘，真正起作用的是壁虎足垫和脚趾下鳞上密布着一排排成束的

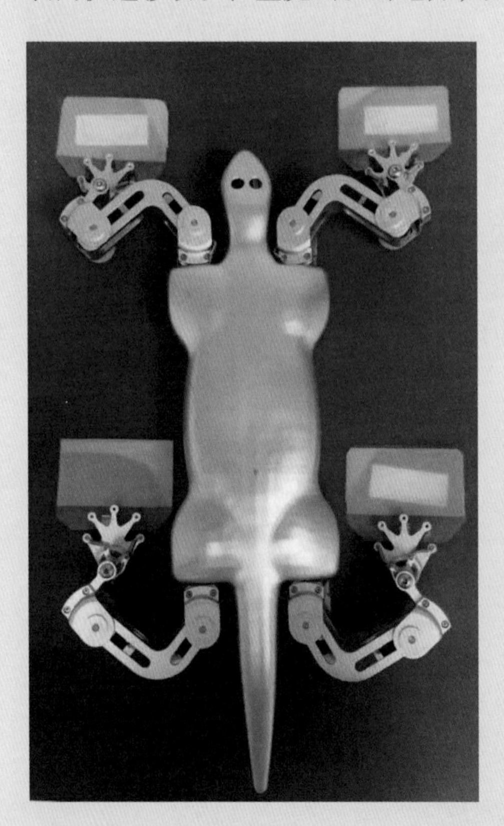

爬壁机器人

“微绒毛”。它们如同一只弯形的小钩，能够轻而易举地抓住物体。同时，微绒毛顶端腺体还会分泌物质，增强它的吸附力。

那么，谁在控制这些微绒毛呢？科学研究继续发现，壁虎外周神经对脚掌的运动控制采用的是“独立模式”，脚底对接触力及方向产生的明确感受能够迅速回传，同时产生决策。正是这一点，对仿生壁虎机器人的控制设计产生了巨大的启发。

正是壁虎脚趾表面这些精妙的“黏附结构”，为人类研制仿生干性黏附阵列材料研发新型爬壁机器人提供了重要启示。

依托这种持续而精细的观察，南京航空航天大学相关研究人员多年来一直在模仿壁虎脚趾结构与动作，试图设计出可以在天花板上爬行并具有一定越障能力的“爬壁机器人”。戴振东教授和他的团队已经研发出了“原理样机”，它是一个长得很像壁虎的机器人。机器“大壁虎”通体由白色铝合金组成，不连尾巴的话体长约150毫米，体宽约50毫米。如果计算电池重量，只有250克。它的长尾巴也是铝合金制作的，必要时可连接上。目前，仿生壁虎机器人还不能实现倒挂180° 的爬行，只能实现在垂直墙壁上游走。这离真正的“全方位无障碍”还有相当的距离。

这只白色仿生机器人大壁虎被拿出来向公众演示的时候，它真的能够像壁虎那样在墙上爬来爬去。科学家对这个现象进行了揭秘。原来，壁虎能牢牢吸附在墙壁上，本质是依据“范德华力”。壁虎的脚上有50万根细毛，粗细只相当于头发直径的千分之一。因此，要产生这样的吸附力，必须有合适的“毛”。为了能让仿生壁虎机器人实现“无障碍”爬行，戴振东和他的团队曾经尝试了不下十种方法来做“毛”，最终成功仿照刚毛吸附原理，通过特殊材质，成功地让仿生壁虎机器人牢牢“吸”在了垂直墙面上。爬壁机器人能完成很多“特殊任务”。为了便于研制仿壁虎机器人，研究团队专门饲养了20多只壁虎来进行观察。这一观察从开始之后就一直没有停下。最初，研究团队在《扬子晚报》上刊登了一个需要广西壁虎的启事，没过多久就有人给科研人员送来了需要的大壁虎。这个学名叫“蛤蚧”的广西壁虎体重150克，是能在天花板上爬行的最大动物。通过多年的观察研究，戴振东和这个团队积累了大量和壁虎有关的信息，并且在相关杂志上发表了几十篇研究壁虎的学术文章。通过观察发现，壁虎爬行快慢由步频决定；壁虎“走路”分很多种步态，有三角步态、对角步态等。从壁虎的步态中，发现了运动步态参数变化的规律性。通过长时间的观察，研发小组得出了另外一个重要的研究结论——壁虎在爬行时，不同的脚相对于踝关节的速度矢量是相同的。也就是说，壁虎在迈出每一步时都是一个“相对匀速”的状态。这个让外人看来有些晕乎的结论却成为戴振东研发“仿生壁虎机器人”最为重要的发现。戴振东将研究成果运用到“仿生壁虎机器人”的研制中，成功地解决了这个机械“大壁虎”运动协调的最核心问题。在选择壁虎之前，研究团队已经试验过七八种动物，蝗虫、二十八星瓢虫等昆虫都试验过，最终发现壁虎和理想的仿生机器人在功能上最具有相似性。这个“功能相似性”成为戴振东仿生实验室选择壁虎作为仿生对象的最好理由。仿生实验室的纪念品也是一只壁虎形状的挂件。到2021年，“大壁虎”爬壁机器人实际上已经是“大壁虎八代”了，第一代“大壁虎”仿生机器人在2004年就已经问世。想象一下这个场景：恐怖分子把人质扣押在一个密闭的空间里，外人无法进去的时候这种特殊的仿生壁虎机器人就能派上大用场。“大壁虎”可以背着摄像机“潜”入密闭空间，拍摄人质所在位置，从而给人质解救者提供第一手的及时信息。仿生壁虎机器人在地震搜救中也能发挥作用。在地震救援队无法找到的领域，仿生壁虎机器人凭借小巧的优势就能轻易找到，并且及时通报给救援队废墟下有没有被压埋的人。动物的运动仿生是系统技术，从最终形成产品的角度看，很多环节都非常重要。从机构看，仿生黏附运动需要匍匐运动机构，而不是常见的直立运动机构。如何保证仿壁虎机器人脚和所在运动面形成有效锁合以产生黏附力，机器人如何感知黏附接触的状态，感知自身的重力角，并通过学习掌握对应的运动模式等，这都是仿壁虎机器人能够成功的核心因素。作为特种机器人研究领域的重要组成部分，仿生机器人的研究与应用深刻影响着机器人应用的开拓与创新。随着人工智能等技术的进步，仿生机器人的发展也从生物原型的原始模仿发展到现在结构与生物特性一体化的类生命系统。与人工智能技术的融合，仿生机器人不再仅停留在前沿技术探索，也逐步与产业应用紧密融合。仿生机器人前景无限，值得开展更多的研究。南京航空航天大学“仿生研究所”建立以后，研究团队不仅研究了壁虎，还研究了鸽子的运动控制，也研究了壁虎、树蛙、多种昆虫的黏附接触运动力学，十多种昆虫鞘翅的展开和闭合规律，昆虫鞘翅的结构，泡沫金属的制备和性能，几十种树叶的微结构和疏水性关系等。这些研究动物的选择是从实际工业需求出发的。针对反恐对爬壁机器人的需求，选择大壁虎开展研究和仿生是最合适的选择，因为壁虎在各种表面上都能够快速运动；针对复杂空间内飞行侦查等需求，结合卫星飞行器续航时间短的问题，对鸽子的运动控制问题进行研究，因为鸽子适合家养，也是典型的飞行动物；针对航空航天对轻质结构的需求，研究鞘翅、骨骼等生物的轻质结构和材料特征；根据工程上对超大表面的需求，对泡沫金属的多功能应用展开研究。戴振东教授介绍说，仿生学是一个横断和前沿领域，涉及学科众多，要准确地给出“关键词”并不容易。用“跨学科交叉融合”“启发原创”“前沿探索”“工程应用”来联合表述，可能会比较恰当。

在戴振东看来，仿生学与其他学科的交叉和关联体现在多个方面。核心有两点：一方面，通过研究生物的机制和规律，启发工程设计和技术发明；另一方面，其他学科提出的问题和提供的研究手段为生命科学的发展牵引出研究目标、提供新的手段。

此外，机器人还有可能代替人类执行幕墙清洗、灾难搜救、探险、地下管道检测等“高难度”任务。如果成功，甚至可以应用到航空航天等重大领域。

河北工业大学教授张明路的团队致力于科技成果转化，他率队创办了天津彼和彼方智能机器人有限公司，并担任董事长。在张明路的带领下，“彼和彼方”在立面机器人的研究和产业化上取得了突破性的进展，解决了不少客户的痛点问题，获得了市场的良好回应。20世纪90年代，张明路在天津大学攻读博士学位时开始研究机器人，到河北工业大学任教后长期从事“极限环境作业机器人技术”研究。2012年他带领团队入选教育部创新团队，2015年入选首批天津市重点领域创新团队和天津市特支计划。张明路说：“2015年的时候，我们的研发重点还没有完全转向立面作业的机器人。和国内许多同行一样，我们在地面作业的机器人上用心比较多。当时就有了一个想法，既然立面的领域参与人那么少，为什么我们不能把它当成下一阶段的主业，试试能否突破呢？”经过几年的潜心努力之后，他们开发了“金属立面维护作业机器人系统”。该机器人系统很好地解决了金属立面的运行维护问题。国内很多行业都有大罐子、大管道、大高台，都有各种垂直的立面需要维护和管理。比如石油的储油罐、输油管，人工如果要进入到里面进行喷漆、除锈，非常危险，非常繁重，工作效率也不高。而彼和彼方的机器人可搭载多种工作工具，比如喷漆枪、喷砂机，并且能够在这些立面上自由地“行走”，在操作员的引导下精细作业。这款立面机器人可适应多种变化金属曲面。此外，这款机器人还能够在曲面罐壁上自由行走，并且具有20毫米的越障功能。机器人产业要发展，首先要能够解决社会的痛点和需求，最危险的作业环境一定是痛点最多的地方。张明路介绍说，这些危险环境包括易燃易爆、高温、高空以及高污染等环境。这些外部环境极其恶劣、危险系数极高的工作环境，事故率会大幅度提高。比如，有些作业环境对人身体产生直接威胁，无论是除锈、喷漆、清灰，都会给人体造成健康危害。在除锈过程中，人工操作无法保证废弃物的无害化处理。

立面机器人的作业过程会采集数据，汇总到后端的云平台，进而逐步形成大数据中心。基于这个大数据中心，可以对客户形成有效的辅助决策系统，帮助客户更好地对他们的金属罐体、管道等立面场景进行更精细和周到的科学管理，这样的体系称为“全生命周期智能维修管理系统”以及“灾害监控预警系统”。通过对历史灾害数据的分析，将应对方案统一处理，当灾害再次发生时能够生成合理的处理方案。

15 卫星通信与机器人的融合

各种灾害来临的时候，通信或者说互相之间的真实情况了解就变得非常重要和关键。如何快速解决救援中的通信中断问题一直困惑救援队伍的行动。直到今天，全国有百分之七八十的地方网络通信没有完全覆盖，有些地方甚至完全没有信号。要是放大到整个世界，无法实现互联互通的地方就更多了。20世纪90年代，世界上曾兴起了卫星通信热潮，但由于各种技术设备无法跟上，只能以昂贵的方式满足极少数人的特殊通信需求。

当前在城市泛滥的"5G通信"其实只解决了一小部分的问题。在更多的通信设计师看来，6G时代就是卫星通信的时代，就是卫星通信与地面通信互相整合实现天地一体、地球上每一个角落都可实现连接的时代。2015年开始，卫星通信领域进入了新一轮的投资和开发高潮期。合肥若森智能科技有限公司正是在这个风口上，于2017年1月正式成立。这一次，与20世纪90年代的那一次市场预期已经完全不同。若森智能公司在这方面取得了很重要的技术突破。若森智能公司董事长季文涛透露，在5G时代背景下，若森智能着眼于全球低轨卫星星座布局，开发高带宽、低功耗、高度集成、智能操作的相控阵卫星通信天线终端。公司致力于成为智能化卫星通信终端系统供应商，以实践支持中国卫星工业，支持国家卫星互联网建设。季文涛喜欢这样介绍公司："我们公司的核心发起人来自中国科技大学，我们企业从中国科技大学先进技术研究院的草地上起步，我们敬仰的前辈、中国科技大学创始人之一钱学森是科技报国的榜样，我们就是要像钱学森一样，科技报国，迎难而上，勇于担当……‘若森’这个名字就源于此。”我国在低轨卫星组网方面也已加快设计和实施，其中不乏若森智能这样虽小但强的企业提供全球领先的技术支持，未来全球商用卫星通信服务必定会有中国的一席之地。在季文涛和他的团队看来，发射卫星很重要，把卫星的信号接收下来，让每个老百姓都能够自由应用更为重要。

在季文涛看来，他们不是在销售一款卫星通信产品，是想依托这些产品构建一个从极限通信到日常应用全覆盖的通信生态链。让季文涛和他的团队有这种底气和自信的原因在于他们的一些自主创新产品，他们采用的“龙伯透镜”技术让“动中通”成为可能。他们针对低轨卫星的多波束卫星通信技术直接让他们站在了生态链的顶端。在一些网络信号无法覆盖的地方，卫星天线可以实现信号的接收和传输。而目前在市面上的卫星天线由于体积庞大、接收方向不灵活、价格昂贵，除了一些特定的机构有能力运用之外，很难进入寻常百姓家。季文涛说，若森智能研发的新型卫星天线体量小、性能可靠，可以解决这个问题。在中国首座以创新为主题的安徽创新馆内，有一个圆形飞碟状的装置，这就是若森智能公司研发的新型卫星天线，也是他们装在车辆上的同款天线。卫星地面终端能否在运动中连续稳定地跟踪卫星，关键在天线。近年来相控阵技术发展很快，相控阵体制的天线可以解决精确跟踪以及同时跟踪多颗卫星的问题，但是这种卫星天线体积较大、价格极高，无法适应民用场景的需要。

若森智能成立之后，一直致力于从卫星通信入手，探索“下一代无线通信”关键问题，着手开发低成本、高性能、可以实现多颗卫星跟踪的卫星移动宽带通信天线。经多方论证，若森智能公司科研人员提出了一种新的天线解决方案，可以很好平衡性能、成本、体积/重量、功耗、生产工艺、可靠性和可维护性等各种要求。这种利用新材料做成的新型移动天线，利用“龙伯透镜”原理，能够对电磁波进行放大和聚焦。同时，这一过程又采用光学透镜的无源方式实现，天线

车顶安装小型低轨卫星天线

的体积、重量和功耗均有大幅度降低，便于安装和维护。它采用电子扫描提高了跟踪精度和实现多颗星同时跟踪的能力，并且通过控制人造材料的结构，提升了天线指向性能，降低了对其他卫星的干扰，使信号接收传输的稳定性和精准度大大提高。

2020年3月，若森智能在安徽大别山区进行了一次野外应用稳定性试验。试验结果表明完全可以实现畅快地通信。而这样的测试只是若森智能几年来十几万千米不同地理环境下测试的一次小缩影。若森智能逐步获得了一些行业用户的青睐，比如新华通讯社出外采访时，采用若森智能的天线联网，记者编辑随时随地可组网发稿；比如渔民出海、船舶航行，在茫茫大海上通信很是不方便，采用若森智能提供的卫星天线，就可以很好地解决这个需求。一般来说，在天线周边50米范围内，手机就能够很容易联上互联网。再比如消防救援装备了若森智能公司生产的卫星天线的应急通信车，可随时组建“动中通”的快捷通信网络。2020年，一家生产越野车的汽车公司直接在车辆上“嵌入”若森智能的卫星天线，并且通过了工信部的特型车公告，这样直接与车辆合一，不需改装，卫星宽带通信越野车直接服务用户。这表明，一些大客户看到了卫星通信即将全面日常应用化的潮流。

2021年7月20日，河南遭受极端强降雨天气影响，导致多地供电中断，数千地面基站被毁，大片区域通信中断。尽快恢复灾区通信、保障救援任务顺利执行迫在眉睫。获悉河南洪灾后，若森智能立即与多支赴豫救援队伍取得联系，同时与鑫诺卫星、亚太卫星等卫星运营商协调带宽资源，即时召回在各地出差的员工，连夜装配3辆卫星宽带通信车赶往河南郑州、新乡、鹤壁等地救援。在整个河南的洪灾救援中，装配了若森智能相控阵卫星通信终端的这3辆车分别有力支援了新华社和央视的现场汛情和救灾行动报道；支援了北京应急救援协会的民间救援行动；支援了安徽省消防救援总队的跨省救援行动。此外，若森智能的这3个卫星宽带通信救援小队还为救护车提供了与救灾医院的网络联通服务；为被堵在路上的救灾车辆提供实时路线查询和地图下载服务；为受灾群众提供临时“卫星Wi-Fi”以便与家人联系互报平安；甚至索性在街头为当地市民充当了大个儿的“手机充电宝”。

未来，随着技术的更新，卫星天线的体量有望进一步减小到笔记本大小，成本也会大幅下降，甚至降到一万元以下。到那时，它就可以走进千家万户，服务大众，卫星通信与地面通信整合一体，极限应用与日常应用合二为一。

第四章　与人密接的机器人怎样实施特别服务

1. 从扫地机器人进入家庭服务开始

2. 会炒上千种菜的机器人长啥样

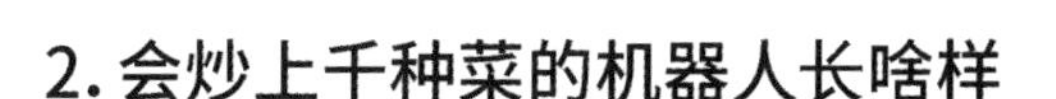

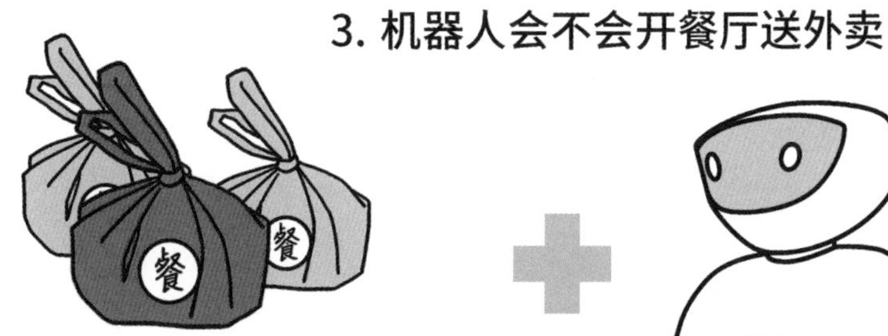

3. 机器人会不会开餐厅送外卖

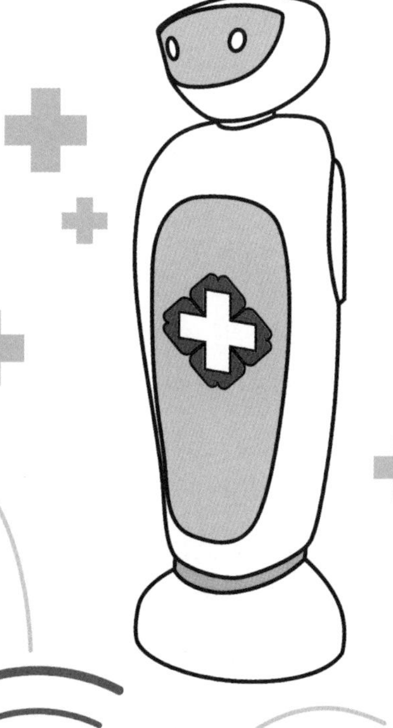

4. 医疗机器人怎样提供远程服务

5. 智慧教育中的机器人与人工智能

6. 智慧社区诱发更多机器人出现

7. 智慧城市中的服务需求如何人性化

从扫地机器人进入家庭服务开始

人们的欲望是无止境的，有了好的，还想要更好的；有了方便的，还想要更方便的；一项劳动有“机器人替代”了，更多的劳动还想要机器人来替代。“厨神机器人”在某种程度上表明了一个趋势，就是人类在家庭生活中，对做饭这个每天都要有的动作已经厌倦了，强烈希望有智能机器人来帮助完成。而人类这种隐藏的或者喷发出来的希望，正是服务机器人从各个角度进入家庭的商机或者说动机。奇怪的是，电饭煲出现的时候，内置了一些智能小程序，但没有人说它是做饭机器人。洗衣机迭代到今天，也内置了一些智能小程序，但也没有人说它是洗衣机器人。而这样一种机器人，却从一出生起，就被称为“机器人”了。它就是最早出现在欧美的“扫地机器人”。人类的住宅也有点类似于工厂的厂房，它的周边界线是相对清晰的，甚至是完全封闭的。只要关上门，里面的“地理信息数据”就非常地固定，基本上很少出现变化。在这样封闭、固定的环境下，扫地机器人即使只凭借它的轮子在屋子里随意打转，完全不设计程序，也仍旧有可能凭借随机的滚动就把整个屋子的灰尘和小物件收集到它的“垃圾箱”里。扫地机器人的研发人员会考虑给这个在地面上“爬行”的圆形小动力车装上“激光雷达”，以方便它更好地测距，更好地丈量和记忆所经过的空间，以便与没经过的空间进行比对，尽快完成对未经过空间的清扫和吸附。扫地机器人还有一个特别喜人的功能，就是当它没电的时候，会自动回到充电桩上充电。扫地机器人在屋子里到处转悠，人们当然会想让这个移动宝贝顺便承载一些其他的业务，比如让它喷水以湿润空气，或者喷香水以更换空气的味道，甚至让它给地板打蜡等。但扫地机器人无论多么机智，仍旧用的一些非常传统的技术，甚至是机器人产业非常低端的技术。但这个世界就是这么有趣，越是被认为低端的，越是普及和流行。越是被当成高端的先进的，普及的宽广度越低。2014年4月，机缘巧合之下，长期在北京各大知名公司“漂流”的湖南岳阳人昌敬，认识了小米公司创始人雷军。当时，雷军带领小米公司正在大力布局“智能家居”，企图打造小米的生态链。扫地机器人是小米智能家居想打造的一个产品。这想法与昌敬不谋而合。准备创业前，昌敬调研了20多款扫地机器人。在他看来，这些扫地机器人都存在一些大大小小的问题，他想做一款真正能扫地的机器人。昌敬请来原来在微软的4个前同事，成立了“石头科技公司”。42天之后，他们做出了一个样品。小米生态链的人看过之后，当即就决定投资3 000万元。两年后，2016年9月，石头科技推出了首款小米定制扫地机器人“米家智能扫地机器人”。中国家电网发布的《2021年扫地机器人市场发展白皮书》显示，中国已经成为全球最大的扫地机器人市场。以扫地机器人为代表的智能清洁家电也受到追捧，2020年中国扫地机器人市场规模达94亿元，同比2019年增长19.1%。昌敬表示，“算法与数据”是公司的技术核心，石头科技在这两个领域有较深积累沉淀。从算法来看，石头科技立足技术创新，将激光雷达技术、同步定位与建图算法、路径规划算法、运动控制算法等，大规模应用于智能扫地机器人。从“数据”角度来看，大量的应用和海量的用户反馈，帮助核心技术不断改进优化；随着公司联网产品数量的增加，数据来源增多，机器人将会更加智能地分析和处理各种问题。用户是推动企业进步的核心驱动力之一，推动着企业不断成长。2017年开始主推自主品牌之后，石头科技陆续上线了多款新品，包括新一代手持无线吸尘器H7、自清洁扫拖机器人G10、智能双刷洗地机U10等，这些产品都有希望在“智能家电”方向上给消费者带来更多的惊喜。

与扫地机器人一样，广泛应用于家庭和个人生活的还有“智能音箱”，智能音箱利用声控识别技术，可以用声音打开一个音箱。而在这万物互联的时代，音箱通过物联网、互联网，后面连接的是这家音箱制造商所制造的庞大声音内容服务。以前，人们为了听到音乐，需要留声机、唱盘，后来需要录音机、磁带，再后来又需要光盘、CD、MP3播放器、U盘、云盘。今天，人们什么载体都不需要，只需要一个随时联网在线的智能音箱。它可以依据你的兴趣，顺从你的口令，你想听什么，它就给你调取什么。你想搜索什么知识，它就给你提供什么知识。你想声调多高，就提到多高。这一切，都只需要这个音箱的“主人”用声音来发布各种命令和要求就行。难免有人同时想象，智能音箱的普及是否也会带动“智能电视”的开机率呢？电视在今天已经不再是电视台播出信息的接收者，而是一个视频播放的终端。这台终端的后面连接着海量视频信息的数据库。这些视频资料不再仅仅集中存放在电视台的“云资料中心”，而是分布式、散落化存在于世界各地。它可能在邻居家智能电视的硬盘里，也可能在隔壁小区某个人的电脑硬盘里。哪个“硬盘”离得近，阅读得方便，就可以调取哪个硬盘的视频来观看和欣赏。但这个想象可能经不起智能手机的冲击。与手机这样移动智能终端相呼应的是各类大型互联网平台日益成为社会的“基础设施”“公共服务入口”。这些平台为了更好地服务政府、企业和社会公众，在智能化上用足了功夫。从某种程度上说，互联网平台本身就是一台大型的“服务机器人”，只是它呈现于公众面前的是一种软性的存在而已。也许，数据化的服务机器人可能是万物互联时代机器人“侍候人类”的主要服务方式。

2 会炒上千种菜的机器人长啥样

中国物业管理协会副会长林常青头脑中的“大数据”里，中国至少有五六亿居民在接受物业服务。全国各地物业公司日常服务千家万户，有没有可能触发服务机器人的革命？2020年11月10日，林常青专程来到北京，拜访了北京康力优蓝机器人科技有限公司。到达“康力优蓝”公司创始人刘雪楠办公室的时候正是中午，已经摆好了一桌午饭。在这家公司看来，他们不仅仅是在做饭，而是在展示一种“城市会客厅”精致生活的特别可能。康力优蓝公司副总经理叶宝华盛情地介绍说，这桌午饭可不简单，它全是机器人做的。为了让“远方的客人”更直观地感受这一点，叶宝华带领林常青现场见证了机器人做“排骨”的过程。叶宝华说：“当然，我们现在是一代机，需要一些人来辅助制作食材和搬运原料。到了二代机、三代机，机器人会长上灵巧手，届时它自己完全可以独立制作了。我们也在和一些大的商户协商，以后的食材到家时，都已经是按照菜谱的要求加工好的，机器人只需将它按程序倒入锅中，就可自动完成。”

刘雪楠办公室的旁边是一个“烹饪实验室”，桌上摆满了各种食材和调料，几个员工忙着进行调理和布置。整个康力优蓝的办公室如饭店一般，散发着淡淡的饭菜香味。如果不是看着摆设的机器人样品，访客会以为走错了地方。

叶宝华继续介绍说：“我们的这款机器人叫膳养机器人，它里面已经存储了3 000多道菜谱，这是我们与中国烹饪协会等机构合作编制完成的，这份菜谱的数据库还在继续完善，预计将收集全球几万道菜

膳养机器人

谱。同时，它还有摄像头，对‘主人’进行识别，依据主人的特点进行菜品的组合和配备。”

现场有人忍不住问了一句：“我觉得你这款机器人太大了，像一个人一样直立着，我家厨房没地方放啊。”叶宝华说：“我们有两个解决方案来解决这个问题：一是推出像电饭锅那么大的桌面机器人，这样就节省了空间；二是让机器人取代很多厨房小家电，比如榨汁机、揉面机、案板等，将它们的功能全部集成到这台机器人身上。所以，到最后，每个家庭的厨房将变得非常简单。”机器人在工业上已经带来了诸多革命性的变化，但在家庭尚未有明显的触动。有些家庭用了一些简易的扫地机器人、智能音箱，但本质的变化尚未发生。我们相信这款机器人会带来家庭中服务机器人的革命。为什么这么说呢？它不仅会做饭，而且把做饭简单化、环保化。同时，还将引发配送系统的革命，以后的快递送到家的将不是连泥带水的那些原始食材，而是加工好的可马上入锅的半成品。同时，它还是家庭物联网的中枢，与外界连接的关键节点。如果家里有老人，这款机器人还可以帮助照顾老人的基本生活起居。在康力优蓝看来，厨房机器人不仅是在做饭，而且是匹配“城市会客厅”“家庭会客厅”的基础成员。这款做饭机器人拥有包括溜炒、焖炖、蒸煮、碎切、打发、称量、识物等在内的十八般智慧烹饪技艺；还具备健康监测、中医诊疗、用药提醒、运动健康、营养食谱等康养功能，贴心照护全家健康。林常青感受后表示：未来已来，我们物业公司作为最贴近各个家庭的服务者，除了帮助做好安保、清洁、园林、维修、文化等基础服务之外，完全可以考虑参与机器人进家庭的推广。我设想这样一个场景，就是联合一些大学，让这些大学的青年学生成为机器人进家庭的协助者。这样，面向家庭的各种服务机器人，在所有人手中都可以变得非常好用、易用了。我们已经看到了这个革命性的前景，相信通过现在的努力，一定会成功实现这个可见的未来。

3 机器人会不会开餐厅送外卖

2021年3月，在机器人研究方面颇有建树的哈尔滨工业大学发布了《中国机器人产业发展报告（2020—2021）》蓝皮书。数据显示，中国机器人专利申请量已居全球第一，仅2019年国家累计受理专利数量超16万项，占全球总量的44%，领先于美国、日本、韩国、德国等国。工业和信息化部的数据显示，2020年，我国工业机器人完成产量237 068台，同比增长19.1%，规模以上工业机器人制造企业营业收入531.7亿元，同比增长6.0%；服务消费机器人制造企业营业收入103.1亿元，同比增长31.3%。此前，我国服务机器人的发展滞后于工业机器人的现状常被诟病，2020年的疫情催化了配送机器人、新零售机器人等服务机器人的发展，“无接触服务”概念已深入人心。面对疫情期间人工服务大量减少，智能物流、无人配送等迅速增加的需求，服务机器人的价值日益凸显，加之5G、云计算等“新基建”赋能，推动服务机器人的视觉感知、人机交互等，向着“人工智能+”的方向“快进”。在广东佛山市顺德区北滘镇碧桂园集团总部所在地附近，有一家名为“Foodom天降美食王国”的机器人餐厅旗舰店。2020年该店开业后，这里成了最容易偶遇碧桂园创始人杨国强的地方。一家做房地产的企业怎么会开起餐厅来呢？ 2018年9月，碧桂园高调宣布投资800亿元打造“机器人谷”，此后碧桂园的两家“特种机器人”企业逐一亮相：主打建筑机器人的博智林公司与主打餐饮机器人的千玺机器人集团。博智林公司是希望生产和推广建筑、装修机器人，但目前为止，所推出的产品尚未引发足够的关注，仍需足够长的时间潜伏和修炼，才可能有所突破。但“做饭机器人”就不一样，在这个赛道上频频出彩。在2021年碧桂园集团年度工作会议上，杨国强现场为千玺机器人立下目标：一年内要在大湾区布局1万家门店，未来剑指全球最大餐饮集团、最大餐饮设备制造商。杨国强的梦想是未来有70%的工作由机器人完成。千玺机器人集团最早的78个人中，有40多名博士，他们中有研究电影的，有研究核物理的，也有机器人相关专业的。碧桂园机器人餐厅旗舰店“Foodom天降美食王国”开业后，但凡有重要的接待，都会把客人带到这里参观。平时，杨国强也时常到餐厅参与工作，被下属称为机器人餐厅的“总设计师”。餐厅的云轨系统也是他亲自设计的。该系统完成了四次升级迭代，已提交25项专利申请。目前，该系统实现安全运行，稳定性和便捷性都得到了市场验证。根据杨国强的谋划，千玺机器人不光要自己开店，还要出租、出售标准化设备，为大型客户定制设备，既做餐饮业也做装备制造业，还要做加盟服务业。2020年，千玺机器人从研发到运营都实现了暴发。从集装箱煲仔饭驰援湖北抗疫、全球首家机器人餐厅综合体开业、成为北京冬奥组委会合作伙伴，到设备组装工厂成立、中央厨房投产，再到领跑行业标准、在海丝博览会等国际化平台亮相，背后是累计提交的700余项专利申请、自主研发的80多种机器人设备及软件系统。在2021年碧桂园集团工作会议上，杨国强再次明确，要将千玺机器人打造成为全球最大的餐饮集团、全球最大的餐饮设备制造商。为此，杨国强亲笔写下了一篇《梦想中的千玺机器人餐厅》的文章。这篇文章说：“我们期待，机器人‘大厨’烹饪好吃、卫生、营养、健康、实惠的标准菜品；我们希望，把机器人餐厅开到全世界去！”

给我们送外卖的仅仅是快递小哥吗？不，其实还有“机器人服务平台”。它们才是真正操纵着快递的外卖专家。2021年5月，互联网平台上有一篇报道，讲了这样一个故事：陈龙是北京大学社会学系博雅博士后，2018年为了完成博士论文，他加入了北京中关村的一家外卖骑手团队，花了5个半月时间进行田野调查，每天送外卖，体验骑手的劳动过程。陈龙第一天才跑了9单，当时送一单8元钱，共挣了72元。后来慢慢熟练了，最多一天送了24单。大部分外卖员会一直跑到晚上八九点，平均每天能跑三四十单。陈龙后来发现，“机器人服务平台”掌握了大量的数据，再用数据去给外卖员规划怎么取餐、送餐，怎么给每个订单定价。这样庞大复杂的劳动秩序之所以成为可能，是有这样一套数据支撑的系统，把全部东西都纳入可以计算的程度，是一种高度的控制和精准的预测。

4 医疗机器人怎样提供远程服务

第七次人口普查数据表明，我国正全面进入老龄化时代。从硬件机器人的提供者看来，服务机器人的商机还是非常大的，尤其是面对居家生活各种需要解决的具体困难。居家生活有非常多的服务需求期待“居家智能设备”来提供。尤其对于老人来说，如果有智能的轮椅机器人帮助他们更好地监测自己的身体状态，更好地与医生、医院联结，更好地移动到医疗设备上，当然是时代最为刚性的需求之一。而对于居家患者来说，护理机器人可能也是很需要的。照顾患者并不容易，而提醒患者吃药、帮助患者监测血压心跳等基本情况、依据患者的情况提供一些基本的服务，也正在给机器人生产厂商提出挑战和要求。按照“空间分类层次”，服务机器人可以分为个人服务机器人、家庭服务机器人、社区服务机器人、城市服务机器人等。知名投资人、红杉资本全球执行合伙人沈南鹏表示，如果把“算力水平”和“应用场景”形象地看作人工智能在生活领域的两条腿，那么“应用场景”这条腿还“瘸”着，这意味着接下来的创业机会将在应用场景领域获得突破。他说大家可以清晰地看到，“算力”这条腿很长很粗壮，呈指数级增长。2020年最大的“深度学习”模型的参数是千亿级别，到2021年年初就已达到万亿级别；但“应用场景”这条腿相对而言仍较短较细弱，还处于线性增长中，还有大量吃穿住行线上线下的细分场景有待开拓，生活场景中的数据挖掘还有很大的提升空间。因此，人工智能与居家生活结合得越紧密，应用的生活场景挖掘得越多，产业价值就越大。从产业投资的意义上说，理解“消费者情绪”

的服务型人工智能，有望改善未来的交互体验。为了实现更友好的“人机交互”效果，需要挖掘人工智能在情感计算方面存在的大量潜在应用。公众欣喜地看到，人工智能为解决“看病难”带来了更多的可能性。机器人、人工智能在医疗应用较为成熟的领域体现得比较充分的是医疗影像辅助诊断；其他领域，比如在线问诊、健康管理等，正处于“积极探索期”，即将迎来大暴发。“人工智能+医疗”出现了诸多想象空间，这必然是在应用层面的一个重要方向。正如沈南鹏所言，医疗机器人确实是“智慧城市”甚至“智慧乡镇”的社会发展重点。根据国际机器人联合会（IFR）分类，医疗机器人具体可分为手术机器人、康复机器人、辅助机器人以及医疗服务机器人四大类。在新冠病毒的检测中，清华大学孙富春教授团队研发了这样一款机器人，可用于进行“咽拭子检测”：在检测时，机器人抓起一根拭子，小心地将其插入测试者张开的嘴里，并以圆周运动仔细地擦拭喉咙拭子，从而实现低接触采样。相比于检测人员，使用机器人采样非常稳定高效，每小时最多可进行60次测试，采样的准确率和可靠性也非常高。对于医疗技术领域来说，机器人最关键的是要能提供安全的人机交互能力、敏感的力控制，其次是价格要合理、重量要轻。此外，要想在医疗上进一步开发，机器人系统的多功能性、可靠性和合适的控制接口也同样重要。医疗机器人不必像人一样只有两只手，它可以像章鱼一样有“八只手”，手的形状和位置也未必完全对称。医疗机器人技术的持续研究，能使手术与非手术器械的空间定位非常精准，从而专业地复制特定的医疗流程。医疗机器人允许医生以远程控制的方式对患者进行手术，并协助患者进行从理疗到个人护理的诸多日常活动。使用机器人帮助有需要的人，完成小型、较复杂的任务来改善他们的生活，并协助医护人员使其工作变得更安全、更轻松。显然，医疗机器人也可以用于牙科，辅助医生对患者进行检查。医生可以利用一个简单的界面来激活机器人，从而在诊疗的各个阶段得到牙科机器人的协助。手术机器人要参与手术，对准确性、精密度等方面要求很高，是制造难度最大的品类。它一般应用在骨科、腹腔等手术中，能减少术后疼痛，提高操作精确度。这部分医疗机器人可以模拟手术，代替医护人员执行对人体有损害的操作，具有误差小、安全性高、不会生理疲劳等优点，有助于降低人工成本，辅助医护人员工作，还可以提供精准手术服务，缩短老年人术后康复时间。近年来，在技术上，国内各知名科研院所及企业加大研究，我国自主研发的技术逐渐成熟，包括人工智能、语音交互、计算机视觉和认知计算等，让机器人在手术领域的各项运用变成可能，各类国产手术机器人公司纷纷涌现。

从社会需求来说，随着老龄化的加剧和疾病谱的演变，肿瘤等相关外科手术量或康复需求进一步提升，分级诊疗的推进、基层医生的巨大缺口成为手术机器人研发的强劲动力。在资金方面，过去国产手术机器人的研发主要得益于国家科技项目的支持，2014年之后社会资本也参与追逐，将其日益推高成投资热点。世界上第一台手术机器人出现在1983年，首次使用是1985年。但医用机器人真正在临床较广泛应用是21世纪之后。

早在20世纪90年代中期，还在哈尔滨工业大学做研究的孙立宁教授就敏锐地觉察到了医用机器人的广阔前景。21世纪伊始，他抓住机遇，集结国内优质的医学团队和工科团队，在科技部的支持下率先在国内开展“机器人辅助骨科手术系统”研究。该研究突破了影像导航、主从操作、方位控制等多项关键技术，实现了国内当时最完整的全数字化骨科手术机器人系统。以该项目为基础，他们又先后开发了“椎间盘置换手术机器人”和“脊柱微创手术机器人”等多个种类的骨科手术机器人。此后，孙立宁又带领团队转向更为复杂的腹腔镜微创手术机器人系统研究。团队相继承担了多项国家级的腹腔镜微创手术机器人项目，攻克了多自由度手术机械臂、主操作手、微小型手术器械、主从实时直觉操作等多项核心关键技术。2019年1月，一台特殊手术在福建福州成功实施。一位医生在操作端远程操控手术机器人，为50千米外的实验动物实施肝小叶切除。这是全球首例基于5G网络的远程动物手术，所采用的手术机器人即为孙立宁团队研制的“腹腔镜手术机器人”。这表明，国产手术机器人产业化有了初步的成果。除了腹腔镜手术机器人，孙立宁团队开发出的微创外科手术机器人基于生物信息控制的智能假肢、助行与康复训练机器人，以及肠道诊疗机器人等医疗机器人系统，产生了重大的社会效益，带动一系列相关医疗领域高新技术应用的研究与开发。孙立宁团队还建立了若干个机器人辅助外科手术系统、沉浸式手术仿真系统、基于增强现实的影像导航系统、康复与护理服务机器人系统等样机，应用于动物实验或临床。手术机器人正因为艰难，所以吸引了最多的关注。它需要的技术集医学、生物力学、机械学、机械力学、材料学、计算机图形学、计算机视觉、数学分析、机器人等诸多学科于一体，具有重要的研究价值，是目前机器人领域的一个研究热点。

有专家预测，到2026年，国内医疗机器人市场规模有望达到41亿美元。随着国内“医疗+人工智能”的迅速发展，医疗机器人有望实现真正“中国制造”。在中国一些医院，手术机器人已经完成了大量手术案例。手术机器人有两种：一种是自己能够做手术；另一种则需要在医生的控制下进行手术。当然，目前流行的是后一种，因为机器人完全自主化地做手术还不是特别容易。原因可能在于，尽管手术前经历了非常精细的检测和分析，但患者的身体内部结构仍旧不可预测，随时可能出现各种并发症和其他风险。面对这样的不确定性，最好有医生在旁边同时操控才更为理想和安全。在世界微创外科领域，手术机器人可以说是当之无愧的革命性外科手术工具。美国仅2004年一年，机器人就成功完成了从前列腺切除到心脏外科等各种外科手术2万例。利用机器人做手术时，医生的双手不碰触患者。一旦切口位置确定，装有照相机和其他外科工具的机械臂将实施切断、止血及缝合等动作，外科医生只需坐在手术机器人的控制台旁，观察和指导机械臂工作就行了。据悉，该技术可让医生在地球的一端对另一端的患者实施手术。最普通的机器人外科手术是前列腺切除术。一些外科医生也采用称为“达芬奇”的机器人系统做心脏外科、妇产科及节育手术。它采用最先进的主-仆式远距离操作模式，灵活的“内腕”可消除医生手的颤抖，特有的三维立体成像系统在术中能将手术视野放大15倍，大大提高了手术的精确性和平稳性。2006年，我国引进首台达芬奇手术机器人系统。2014年4月4日，中南大学湘雅三医院在国内率先开展国产手术机器人胃穿孔修补术及阑尾炎切除手术。天津大学、中南大学等单位联合研发的新型微创手术机器人“妙手”，2016年完成了动物试验，此后进入临床试验。“妙手”是一种全新型、具自主知识产权的腔镜辅助手术机器人系统。系统的主要硬件、软件、材料和系统设计等均为我国自主研制。与国外进口手术机器人相较，“妙手”具有小型化与集成化特点，系统调整布局优化，结构精巧，已突破了微创手术机械多自由度丝传动解耦设计、从操作手的可重构布局原理与实现、系统异体同构控制模型构建等三大关键技术问题，解决了机器人成套技术难题，达到世界先进水平。在临床试验中，“妙手”在中南大学湘雅三医院成功完成了胃穿孔修补术、阑尾切除术、胆囊切除术等临床手术。它的应用，打破了国外手术机器人技术在全球的垄断局面，大大降低了患者医疗费用。除了做手术，机器人在医疗领域还可帮助“采血”。国内有一些公司专注于智能穿刺采血机器人研发、生产和销售，致力于血液样本采集流程的智能化、标准化、信息化；保护采血的护士不受感染的风险。2019年，全球首台可实现静脉采血全链条自动化的智能穿刺采血机器人研究成功。该项目填补了该领域国内国际空白，具有完全的自主知识产权，已获得授权专利13项，是全球唯一一家通过产品注册审批的采血机器人项目。

个人服务机器人当然是把服务机器人与个人“嵌合”“结合”在一起，有些甚至可进入人体。比如针对肢体残疾者，外骨骼机器人可

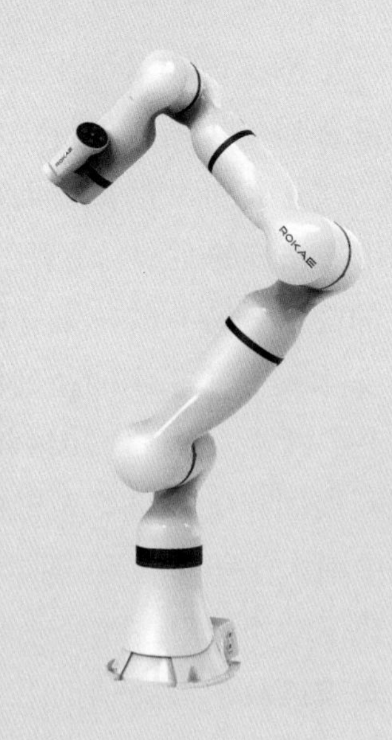

新一代柔性协作机器人 xMate ER 系列

以帮助其更好地站立和行走；比如对心脏弱化的人，心脏起搏和监控方面的机器人可以协助其更健康地生存；比如对于抑郁症患者，脑机接口有可能帮助改善其某个脑区的状态，进而走出抑郁的困扰。

5 智慧教育中的机器人与人工智能

随着互联网、虚拟现实、人工智能等技术的发展和应用，信息化已渗透到教育、科技、经济各个领域。2021年8月在北京举行的“全球智慧教育大会”上，湖南大学教授、中国工程院院士王耀南等专家深度分析了机器人、人工智能如何参与智慧教育的可能性，值得特种机器人产业深度思考。王耀南院士指出，人工智能的发展和人类社会的工业革命密切相关，其发展历程是螺旋式的，其目的是利用机器代替人类的认知、分析、识别和决策，具有感知、记忆、思维、学习、自适应、决策等特征。在他看来，人工智能有三大基石，即算法、算力和数据。其中，算法是人工智能的核心，主要的应用领域包括计算机视觉、自然语言处理和智能机器人等。他同时提到，人工智能以硬件系统为核心，以深度学习的人工神经网络算法为核心算法，其系统技术架构主要包括基础层、技术层和应用层三部分。王耀南相信，人工智能，在机器人、以机器人为核心的智能制造工厂、电动汽车、智慧教育、智慧医疗、智慧能源和智慧交通等方面具有典型应用。在智慧教育领域，人工智能正在加速推进人才培养模式改革，促进教学模式从知识传授到知识建构的转变，同时缓解贫困地区师资短缺和资源配置不均的问题。

人工智能的发展方向主要包括三个方面：一是向数据驱动方面发展；二是向算力智能化发展；三是向硬件智能化发展。只要具备数据、算力和硬件，人工智能就能大有作为，并在各个领域发挥重要作用。新疆大学教授、中国工程院院士吾守尔·斯拉木也指出，基于深度学习、大数据和虚拟现实等新一代信息技术的智能教育，正在构建“以学习者为中心”的智能化教育环境，以及更加个性化的新型教育模式。为充分发挥信息技术对教育发展的革命性影响，我们应积极探索“互联网+”“人工智能+”条件下的教育治理和人才培养新模式，加快推进智慧教育创新发展。近年来，人类在模拟真实世界的方向上一直不断探索。当下，人们常说的虚拟现实（VR）以及增强现实（AR）、混合现实（MR）等，具有沉浸感、交互性、想象性和智能性等特征，能够生成与现实世界高度近似的数字化环境。通过辅助设备，人们可以获得视觉、听觉和触觉等多元化综合体验，从而产生“身临其境”的感觉。

在清华大学孙富春教授看来，智能教育将是非常重要的产业，未来的教育应该拥抱互联网及人工智能，教育行业必然因为人工智能而出现创新变革。“人工智能+教育”有一个独特的优势，在于能够更好地做到因材施教，进而实现个性化学习。在孙富春教授看来，个性化学习将关注个体学生特定的学习需求、兴趣、渴望及文化背景，为此开展定制化教学，提供更多的学习选择及差异化的学习服务。教育最根本的力量是激发学生的创造力和想象力，而机器人教育则可以有效提高学生的创造力和想象力。

中国工程院院士赵沁平认为，虚拟现实的上述特征使其成为智慧教育的支撑性技术之一。基于虚拟现实技术的一系列新应用推动了教学环境智能化与教学过程可视化，催生了新的教学模式和学习模式。借助虚拟现实技术，学生和老师能够突破课堂时空的限制，不仅可以上天入地，还可以穿越历史；不仅可以观察宏观和微观世界的各种奇景，还可以操作高危险实验，进行多种智能交互。

目前，教育部已批准高校建设了300个国家级虚拟仿真实验教学中心，认定了728门国家级虚拟仿真实验教学项目，虚拟仿真实验教学已经成为智能技术支持下的典型教学模式。

此外，随着虚拟现实技术和人工智能技术的相互渗透，虚拟教室、虚拟课堂、虚拟实验、虚拟培训等应用场景得以实现。这为推行沉浸式、体验式和场景式学习提供了可能。技术融合将对未来教育产生颠覆性影响。

智慧教育将带动“数字孪生互联网络”的发展，支撑虚拟现实的深度应用，为未来教育开辟新境界。数字孪生由三部分组成：现实世界物理对象、与物理对象等同的虚拟对象以及两者之间的数据通道。数字孪生应用使得物联网连接对象扩展为实物及其虚拟孪生，将实物对象空间与虚拟对象空间联通，成为一种虚实混合空间，物联网也发展成为新一代的数字孪生网，从而大幅度提升各行业的生产运行效率。

教育部科学技术与信息化司司长雷朝滋指出，“智慧教育”就是倡导以智能技术赋能教育变革，促进教育教学模式的深层次变革，全面提升教育服务能力，推进教育治理体系和治理能力现代化，形成智能时代教育的新生态，为破解教育热点、难点、痛点问题提供新的契机。2019年，教育部启动了“智慧教育示范区”创建项目，已有18个区域启动建设，全力探索未来教育发展之路。同时，机器人、人工智能、大数据等新技术日益广泛地应用于教育领域，为教育治理带来了伦理和安全方面的新挑战，比如“算法黑箱”造成的应用偏差，教育产品和服务中的商业意图对师生的挟持，“人工智能沉迷”“信息茧房”等负面效应对青少年身心健康的影响，以及个人隐私泄露和数据滥用造成的危害等，这些都值得同步开展研究、寻找对策。

6 智慧社区诱发更多机器人出现

从家庭生活服务来说，无论是智慧家电还是“智能家居”；无论是扫地机器人还是做饭机器人，在万物互联时代，远程操控和掌握自己居室的状态，已经变得非常容易，很多地方在建设“智慧社区”“智慧城市”。这时候，安保机器人、巡检机器人就派上大用场了。“安保机器人”更像一名电子保安，只是它们比保安更加勤快和稳定，日常巡护所收获的信息也更容易存储和调用。电子保安可以长得不像人的样子，但至少要像保安那样定时定点定路线地在社区里巡护和监察，及时察觉和发现各种隐患以及危险分子。“危险分子”在这里可以有两个定义：一是对自己危险的人，比如想要自杀的人；二是对他人或者社区危险的人，比如想要盗窃的人。这一方面可以通过数据库匹配以及早发现，另一方面也可通过一些技术侦测手段，对一些人的行为特征进行收集后再结合后台数据对比，进行有效鉴别。有些数据甚至可以与警方的相关数据库直接联动，更好地保障社区的安全与和谐，提前防范各种风险。在智慧社区，除了电子警察、智能保安之外，一些消费频次高的领域更容易实现智能化，也更愿意应用机器人或者相关的产品。在日常社会生活中，很多人经常在饭店、宾馆、会议中心，与送餐机器人、迎宾机器人、接待机器人“亲密接触”。以一家饭店为例，厨师把饭菜做好后，放到送餐机器人的架子上，要求它送到指定的桌位，它就能够顺从地、听话地完成这个任务。而电子地图技术和互联网技术能够快速地帮助送餐机器人“自动生成地图”，以便在“限定的空间”内自由行走。在路上遇到障碍时，它还会绕开，导航系统会帮助它“重新规划路线”，让它安全快速地送达。“迎宾机器人”则需要内置一些与客人交流的常用语，比如欢迎词、问候词汇、基本服务答疑等。当然，有些迎宾机器人如果做得不够精细，语气还是显得生硬和呆板，对答的内容应变性不高，风格和特点也不突出。相信这都会在广泛的应用中得到改善。一些公司推出的“智慧养老解决方案”助力社区改造，力图打造智慧养老服务中心。社区智慧养老服务中心以一台“爱做饭”的居家服务机器人为平台核心中枢，可满足社区养老人群与养老服务需求、提升社区养老综合服务能力。这台机器人既是老人的全天候照护师，也是运动健康管理师，还涵盖老年大学、康养医疗等内容服务，在整个人类大社区为人类提供各种各样的“服务”。

如果把一个大城市划分为一个一个的网格，其实就是一个个独立的“城市社区”。有些社区，像大学、企业、写字楼，在里面生活和工作的人，需要频繁地刷卡、刷脸、支付、验证；有些社区则相对松散，但也经常使用各种“一卡通”。不管哪一种社区，我们的生活已经日益智能化，我们的城市也日益智慧化。有没有一种可能，让与人相关的所有“卡”，所有门禁，所有验证、支付过程，都消失或者隐藏呢？互联网和人工智能、混合现实等先进技术的普及，让人类身体外在的各种“证件”逐步消失。人每天出门，只需要携带自己，依靠指纹、虹膜、体型、脸型、声音、DNA等个性特征，就可完成各种支付和交流。浙江正元智慧科技股份有限公司完整地呈现了这个发展历程，也有力地预示着未来的发展趋势。1994年，转业军官陈坚在浙江成立“正元科技”的时候，开始只是代理其他公司的产品，后来才逐步推出自主研发的品牌。他们主推的产品是“一卡通”。一卡通应用最广泛的忠实客户是大学校园。在相当长一段时间内，大学校园一卡通业务是正元智慧的主打业务。多年之后，功能相对单一的校园一卡通已经逐步扩展到“智慧校园”体系，覆盖大学校园这个“微型城市”。在万物互联、天地无边的时代，正元智慧要解决的已经不只是

“智慧校园”，他们的视野扩展到“智慧城市”。在他们看来，智慧校园就是智慧城市，智慧城市就是智慧校园。2020年3月，疫情刺激产生了新的应用。正元智慧推出了集非接触式IC卡刷卡、扫码、人脸识别和红外测温功能于一体的智能测控一体机与多功能访客机。该访客机能够实现人员信息和温度信息的实时上传、实时监控、出入控制、异常提醒和报警等，可广泛用于各类院校、企业园区、政府机关、军警及事业单位的出入口通道控制。在正元智慧看来，只要是和人的应用有关的场景，都可以用智慧化的方式来解决。比如大学食堂，正元智慧的智慧校园体系可以对菜品进行识别，结算时自动统计，支付时刷脸就可“无感完成”。这与社会上很多在测试的“无人餐厅”有异曲同工之妙。2018年4月13日，教育部印发了《教育信息化2.0行动计划》。这个计划是教育信息化的升级版本，已经与城市信息化基本上融通。这个融通最重要的一个标志就是“物联网”潜能得到充分释放，“万物互联”在校园内率先应用。2018年6月27日，国家标准委发布《智慧校园总体架构》，规定了智慧校园建设的总体框架。只要遵循这个框架，智慧城市的建设就有了良好的实践基础。因为，大学校园的应用场景不仅非常广泛，而且联络非常频密。这对测试基于物联网的智慧城市各种功能有非常好的样本基础。为此，正元智慧提出了以“物联网一卡通”应用为基础，以大数据与人工智能为引擎，以云端服务为支撑，向学校提供面向多种主题的场景化、服务型“智慧校园”整体解决方案。这个解决方案基于校园、网络、云端三个中心和N个场景化应用。它充分实现了“五易”的功能——不仅易联、易通、易用，而且易扩展、易报警检修。基于这个架构，正元智慧推出了“易校园”的产品体系架构，为校园客户打造出了物、人、数据、流程深度融合的“智慧校园生态体系”。

7 智慧城市中的服务需求如何人性化

清华大学合肥公共安全研究院是清华大学的外派院，主攻城市安全智能服务的产业化。梁光华副院长表示，针对整个城市的“生命安全”，清华大学合肥公共安全研究院近年推出了一整套系列化解决方案，涵盖从城市重要基础设施到园区、企业安全监测的智能设备和云监控平台。梁院长说：“我们针对城市桥梁、地下管网的监测，已经可以实现全面智能化的水平。我们坐在监控席上，就可以非常快速地掌握一个城市各条‘生命线’的实际运行状态。只要一有险情，我们就能够马上响应，并在最短的时间内排除这些风险。而这所有的设备和平台，都是我们自己自主研发的，可以在全国所有的城市全面推广。”“智慧城市”实践者认为，长期来看，只有科技突破，拥抱新一轮技术革命才是解放生产力、推动经济增长的根本动力。如今的中国，新城镇化、新基建、新技术革命三个重大进程相互叠加，在“国内国际双循环”的大趋势下，将中国城市变局推向了一波高潮。2019年中国数字经济规模已经突破31万亿元，占GDP的1/3。全国有超过400个数字经济重大项目，3 000亿元的总投资额，依靠智慧经济而实现弯道超车的故事在全国各地处处开花。杭州、合肥、深圳等城市在智慧城市的应用上取得了相当雄厚的经验。

合肥科大立安安全技术有限责任公司总经理周扬介绍说，科大立安依靠研发团队的自主创新，在火灾探测和自动灭火方面沉淀了强大的技术优势。同时，自主研发的消防智能监测设备具有互联网化、物联网化、智能分析等强大功能，在城市消防安全运行监测系统中，全天候24小时保障城市安全。城市要安全，首先前端采集数据要精、准、全，设备要灵敏，部署点位选取要足够精细，设备要有足够的自适应能力，这样，“快速响应”才有可能把危险隐患抑制在萌芽状态。如果说，辰安科技的全资子公司科大立安注重从基础城市安全装备上持续推进智能化、物联网化和聚合化的业务拓展，那么另一家子公司——安徽泽众安全科技有限公司，则注重从应急安全的智慧化方面，帮助很多城市和区域解决应急安全指挥决策系统的集成与联动难题。在周扬看来，智慧安全城市的需求无处不在，体现方式也是随时随地。它既有非常鲜明的新产品和新技术推广和普及，也有旧体系和旧设备的改造和再应用。无论从哪个角度，智慧安全城市的建设者必须具备通盘考虑的能力，参与智慧安全城市建设的企业也不能只局限于自己的产品和技术，而要与其他所有智慧安全城市产品和应用进行互联互通，共同保证智慧安全城市的畅通发展，为安全发展型城市保驾护航。

从政策监管角度来看，所有的互联网平台都正在成为看不见摸不着但又能够提供确确实实服务的“服务机器人”，整个世界都在互联网上成为一个“智慧社区”。

2021年4月，北京市智能网联汽车政策先行区正式启动，市经信局和经开区联合制定《北京市智能网联汽车政策先行区总体实施方案》，依托高级别自动驾驶示范区设立北京市智能网联汽车政策先行区，发挥政策叠加效应，为企业在京发展营造良好的“自动驾驶营商环境”。政策先行区实施范围包括亦庄新城225平方千米规划范围，大兴国际机场以及京台高速、京津高速等6条环绕亦庄的高速和城市快速路段。这是全国首个以管理政策创新为核心的先行区，适度超前并系统构建了智能网联汽车道路测试、示范应用、商业运营服务以及路侧基础设施建设运营等政策体系。《北京市自动驾驶车辆道路测试报告》显示，到2021年5月，自动驾驶开放测试道路共200条，长699.58千米，安全测试里程突破268万千米。自动驾驶商业化的先锋队是“无人配送车”，它的应用场景与技术已相对成熟，但产品始终处于管理空白区，取得上路合法身份困难重重。“政策先行区”将制定无人配送车产品应用标准和管理办法，研究适用于无人配送车上路行驶的通行规则和交通管理模式，给予相应路权，建立无人配送车运行安全监管体系，解决无人配送车路权和上路管理问题。未来，还将采用逐步推进的方式扩大其活动范围，衍生出零售、安防等新的应用场景，实现此类车辆的综合商业化应用，将有助于培育面向未来的“无人经济”新产品新业态。地面无人配送车突破管理空白获得“路权”之后，会从简单场景开始，比如在高校、产业园这些封闭或半封闭园区开始一些局部配送需求。随着技术迭代、成本进一步下降以及法规的允许，无人配送车开始替代部分配送员，降低配送企业成本，为整个下游服务提高质量。此后，随着“智慧城市”及无人配送网络的建设、充电设施及停放站的建设，形成城市内的无人配送服务体系，更多零售、物流、安防等服务将会融合进来，整个社会将会出现“无人配送新业态和新生态”。

在2021年7月的世界人工智能大会上，与“美团无人车”一起牵手亮相的是“无人机配送”。美团公司的无人机送外卖已经率先在深圳启动。截至2021年6月，深圳市面向真实用户的相关订单已达2 500单。除深圳之外，美团与上海金山区政府正式合作签约，将共同建设无人机城市低空物流运营示范中心。无人机送外卖是如何实现的呢？简单来说，它不是无人机，而是一个集成无人机、自动化机场以及智能调度系统的“城市低空配送网络”。用户跟往常点外卖没有什么区别。骑手接到订单之后前往商家取货，然后送至“无人机机场”。无人机搭载货箱后，按照“后台”调度规划的航线，将货品送至目的地社区配送站，用户可通过手机扫码，打开社区配送站的“货箱”，取货就行。这样的无人机飞行高度在120米以下，时速可达每秒10米，一次最多可负载2.5千克外卖。真正启用之前是高密度的测试。2021年6月，美团在北京、深圳两地测试机场完成超过20万架次的飞行测试。它的四个小目标是安全、高效、经济、自主可控。为什么要耗费巨资探索这一应用呢？因为，用无人机送外卖优势很明显，最直接的一个优势就是受路况影响小、发货快。在深圳社区有这样一个真实的案例：从餐厅出餐到无人机配送送达，整个过程只需要11分钟，整个航线是1.5千米。

在2021年9月27日举办的达摩院媒体沟通会上，阿里巴巴集团副总裁、达摩院自动驾驶实验室负责人王刚宣布，达摩院自研的自动驾驶产品、末端物流无人车“小蛮驴”已落地全国22个省，累计配送订单超100万件。作为阿里巴巴对外公布的首款物流机器人产品，“小蛮驴”自诞生之初便被寄予厚望。自动驾驶的本质是一个人工智能系统，而在现在的发展框架下，这一技术的发展其实是靠数据驱动的。无人车技术涵盖算法、算力、硬件、系统等多个维度，算法能力最能体现无人车的智能水平。算法研发依赖数据驱动，需要处理大规模的场景数据、运营数据。怎么累积数据，怎么更好地去发挥数据的威力，这就是解决人工智能问题的第一性原理。同时，物流场景是典型的“非结构化场景”，交通参与者包括人、小动物、非机动车、机动车、各种路障和临时障碍物等，没有规范的车道设计和通行规则，无人车与任何道路参与者的交互都是复杂的博弈问题。但同时，末端物流场景也具备极大的业务价值待人挖掘。物流场景下的人力成本非常高。无人驾驶的本质在于机器替代人力，而在人力资源消耗越高的地方无人驾驶产品所产生的价值越大。为满足末端物流场景下更进一步的智能化需求，达摩院自动驾驶实验室通过强化学习、智能仿真等手段，掌握了一套对数据进行结构化分析和处理的能力。在实际的开发过程中，他们提出了“小前台、大中台”理念，首创自动驾驶“算法中台”，让计算机自动学习并找到适合每种算法模型的结构和参数，用更符合计算机思维规律而非人类思维规律的方式处理数据。在满足了技术需求后，如何降低生产成本呢？达摩院自动驾驶实验室的研发团队通过核心算法自研+核心硬件深度定制的方式，大幅降低了“小蛮驴”无人车的研发制造成本。“小蛮驴”采用高性能、低功耗、低成本的嵌入式异构计算单元，能以1/3的算力达到同等智能水平。在这家公司看来，“小蛮驴”的技术和运营能力是“大蛮驴”研发的基础，大小蛮驴共享同一技术框架，达摩院自研的自动驾驶机器学习平台、云上智能仿真测试平台、嵌入式计算单元以及深度定制传感器技术，都顺滑“平移”到了无人卡车上。预计3年之后，能在上万条公开道路上见到这款“无人卡车”的身影。基于小蛮驴的底盘技术，达摩院正在开发多种自动驾驶产品，比如具备自主移动能力的电力巡检机器人，以服务机器人的成本实现了工业机器人的性能，即将批量进入电力系统，取代人工开展电力巡检工作。

机器人的智慧服务已不局限在企业的服务中心，政府的服务平台也在大量采用。一旦政府开始采购，就说明这项业务在社会上已经培育得基本成熟，非常稳定，能够大批量应用了。形形色色的服务机器人搭载着智慧社区、智慧城市、智慧政务、智慧商务的大潮流，已经全面覆盖人们的日常生活。它们有些是可见可爱的仿生机器人，更多的是潜藏在各类互联网平台、呼叫中心后面的应答机器人。不管它们是软件还是硬件，不管它们是线上服务还是线下服务，不管它们是在公安局帮助人办理护照，还是在线上接收公众的需求，都已经是实实在在地对人类的生活进行着全方位的改造和替换。

第五章　加工制造需要机器人发挥特殊作用

1. 机器人在加工制造上的精准应用

2. 从自动化设备到特殊加工机器人

3. 疫情刺激下无人码头的突破

4. 黑灯工厂将会成为灯塔工厂

5. 工程机械机器人开始百花齐放

6. 协作机器人成为特别发展方向

7. 谁的工作最容易被机器人替代

8.需求引领机器人快速进化

9. 大数据背景下的工业机器人

1 机器人在加工制造上的精准应用

“机器人”在今天的中国，已经不是一个词语，而是一项庞大而真实的应用，是社会的常规图景。在研究机器人的过程中，往往是基于社会的需求进行原理思考，先是设计出一些“概念机”和“原理样机”，然后边论证边打样，边打样边打磨，边打磨边进化，逐步推进产业化和市场化，最终在社会市场上应用的同时得到检验和优化。一切研究和开发，一切生产和推广，都是为了服务于社会的各种应用，都是为了让更多的人受益。在汇集资料的过程中，我们特别重视自主创新的创造和应用。我们相信，真正的自主创新不是停留在创意上，不是停留在纸面上，也不是停留在概念或者论文中，更不是停留在路演时的PPT上；真正的自主创新必须被社会认可的产品来呈现和验证。

工业机器人，顾名思义就是像工人那样干活，并且比工人干得多干得好的机器人。而在相对严肃的学术定义中，工业机器人是面向工业领域的多关节机械手或多自由度的具备特别能力的机器人。

1956年，世界第一家机器人公司成立，随后世界第一台工业机器人于1959年诞生，并于 1961年开始在美国通用汽车公司安装运行。此后，工业机器人应用领域逐渐延伸至电子电器、金属制品、化学橡胶塑料等行业。工业机器人是自动执行工作的机器装置，能靠自身动力和控制能力实现各种功能。它可以接受人类指挥，也可以按照预先编排的程序运行。“集美貌与智慧”于一身的工业机器人，还可以根据人工智能技术制定的原则纲领行动，外形也逐步具有亲民的美感。

2 从自动化设备到特殊加工机器人

作为“世界工厂”，我国制造业正逐步从劳动密集型产业向技术密集型产业转型，对工业自动化的需求成为强大的“内需”。2020年，我国工业机器人实现产销分别为23.7万台和17万台，同比分别增长约27%和21%。有专家认为，国内机器人企业正在经历最好的时代，行业高增长和国产替代空间很大，中国正在成为全球最大的工业机器人市场。1972年开始，工业机器人研究在国内正式启动；2000年之前，一直处于技术研究和人才储备阶段。国内工业机器人产业自2000年开始正式发展，首先在汽车产业得到较广泛的应用，此后才在电子产品领域逐步布局。2020年，受疫情等因素的推动，国内工业机器人“行业景气度”逐步回暖，国产加速替代进口，行业集中度持续提升。2016年6月1日，机器人专家甘中学博士接受新华社记者采访时明确表示，目前我国正处于制造业产业升级之际，“机器换人”在许多地方兴起，再加上国家政策支持，我国机器人产业迎来良好的发展机遇，不过也遇到许多问题。一是目前我国从事机器人研究和应用开发的主要是高校及有关科研院所等，机器人产业与机器人研究没有很好地对接。二是缺乏自身优势，市场竞争力不足。近10年来，进口机器人的价格大幅度降低，国际机器人巨头纷纷抢占中国市场，以ABB、库卡、安川电机、发那科等“四大家族”为代表的国外机器人企业占据中国机器人大部分市场份额，对我国工业机器人的发展造成了一定的影响。三是基础零部件长期依赖进口，缺乏竞争力。我国基础零部件制造能力差，尤其是控制器、减速器等机器人核心元件长期依赖进口，缺乏竞争力。四是中国机器人还没有形成自己的品牌，缺乏市场品牌认知度。

南开大学人工智能学院教授韩建达认为，万物互联时代，无论是企业“上云”，还是智能工厂，都需要将所有的设备接入网络，以可视化数据的方式呈现。因此，机器人的能力实际上可分为硬实力与软实力。速度、精度、负载能力等硬实力方面，我国已经达到很高的技术水平，“硬实力”方面全球竞争正在一步步趋于同质化。“软实力”则有很多“非传统”的方向是我国工业机器人发展的“痛点”，因此也是突破点和发展点，需要新技术的全面注入。韩建达将软能力归纳为五个方面：一是三维工况、作业对象的实时建模能力；二是人与机器人之间“正常的”交互能力；三是安全、可靠、敏捷、协作的控制能力；四是“即插即用”与网络化协同能力；五是开放的工艺实现能力。这五种“软实力”可能成为我国工业机器人向高端发展、向新领域跨越的一个支撑技术。

工业机器人一度在汽车行业用得最为彻底。汽车行业的应用过程可以非常清晰地看出我国工业机器人从引进消化到自主创新的独特历程。在汽车生产企业，汽车、电动车或无人驾驶的汽车、智能汽车，是怎么依靠各尽其能的“工业机器人”，在流水线的不同岗位上连续接力，在很短的时间内制造出来的？制造一辆汽车通常需要历经冲压、焊装、涂装、总装四个重要的工艺环节，最后通过检验合格后放到仓库里，静待出厂销售、物流分发。出厂后，它们又要经过层层分销、运送体系，最终到达“汽车司机”手里。制造汽车首先要把汽车的“框架”冲压成型，冲压过程就像幼儿园的小朋友拿着模具把橡皮泥压出各种形状，坚硬的钢铁在冲压机床前就像一个面团在“兰州拉面师”手里那样听话。每一款汽车都有它的基本标准框架，正是因为有了“标准尺寸”，让冲压机器人工作起来得心应手。冲压机器人按照标准化设定的程序，把相关型号的汽车车架用钢铁或者其他金属冲压出来后，就需要按照相应的步骤往这个框架上添加各种零件。从某种程度上说，机器人有两种：一种是固定程序、固定场景的机器人，它们日复一日只需要做标准化的动作；另一种是“不确定场景”的机器人，它们必须依靠良好的通行能力、庞大的数据库以及自身的“机智”来面对随时不可知的外部世界。而制造汽车的四个关键环节都是可控的，都是完全按照编辑好的程序逐一推进的。今天的工厂之所以越来越成为无人工厂，原因就在于此前劳动工人做的好多动作都是标准化的、重复的、单调的，这样的工作对机器来说可能容易忍受，对心思活泼的人来说就不容易耐受。要不是为了谋生，估计很多人看到这样的工作岗位立马转身就走。中国一度是“世界工厂”，此前很多人就像今天的机器人一样，每天重复着单调机械的动作，他们默默地付出，带动了经济的发展，促进了社会的繁荣。

汽车零件安装要分先后，这个安装上了，下一个步骤才可能跟上。而这样非常清晰的“标准操作流程”恰恰是零件组装机器人在各个节点上最擅长的业务。有一些地方需要焊接，不可能全靠螺丝衔接。早期的汽车制造，这个工作是由工人拿着焊枪，一点点焊接起来，焊接过程产生的刺眼强光会损害工人的眼睛，挥发出的气体会危害工人身体。现在，这样的工作流程被“焊接机器人”替代了。焊接机器人可以不眠不休地工作，它们不用吃饭睡觉，只要给足电力，给足润滑，就可以24小时不停工作，大大提高了焊接的效率和质量。汽车车架的主要材料是钢铁或者一些新型的金属，在“日夜行驶”的过程中容易被周边的环境腐蚀。焊接完成的车架经检验合格后，就要被运输小车拉进喷涂车间，喷漆以增加保护层，最大限度与氧气等腐蚀物隔绝。这时候，就需要“喷涂机器人”出马了。喷涂就是给车身表面喷一层漆，一方面达到保护汽车的效果，另一方面制造出五颜六色的汽车。为了保证喷涂质量，这些工作都是在无尘的环境中进行。研究空气污染的专家知道，喷涂过程本身会挥发出大量的挥发性有机物，这些有机物对人的身体损害很大。喷涂机器人全面替代人工之后，避免了这些挥发性有机物等化学物品对人体的损害。喷涂完成的车架，用200℃左右的温度烘干，然后就库存起来，等待下一步“总装”。在总装这个环节，这时候仅靠机器人就不行了，还需要工人配合。在总装工人、总装机器人的配合下，逐步完成发动机、车架、车门、轮毂的安装，以及各种各样相关配件和汽车电控系统的集成与搭配。完成这些工作之后，一辆新车就造出来了。

在汽车制造过程中，除了生产线上用到多种机器人，在运输环节、仓储环节、出库环节和运输环节也一样需要各种各样的机器人。由于企业的仓库多半都是标准的货架和标准的路线，需要搬运货物的重量和形状也基本上是确定的、可测量的、可预定的，因此，这就给“搬运机器人”提供了非常好的工作空间。需要强调的是，对机器人来说，它们最喜欢完成的就是既定而明确的任务，它们最喜欢的工作场所就是路线非常清晰、路面非常平整、周边基本上不会有任何障碍和干扰的场所。越是这样的场所，普及机器人越容易。这也是工业机器人比服务机器人发展得迅速，市场更为庞大和活跃的原因所在。在一部汽车的生产过程中，几乎所有环节都可以让机器人参与协同完成工作。相对于其他产业，可能在机器人应用的全面性上也是值得夸赞的。一台汽车在生产过程中，无论是冲压机器人、组装机器人、搬运机器人、锻造机器人、打磨抛光机器人，都非常必要和关键，缺一不可。正是这些强烈而明确的特别需求，促进了世界机器人产业的发展，也带动了我国工业机器人产业的发展。工业机器人的“雇主”往往是一家企业。而企业家生来的逐利天性就会本能地追逐“投入和产出比”，当他们一旦认定“雇佣”或者说购买，或者说安装一台机器人的价值要高于雇佣工人价值的时候，他们就会马上“雇佣机器人”来替代工作，这是当前大量工作全面无人化的原因所在。正是因为企业最愿意率先投入工业机器人的使用和实践，这直接刺激了世界上工业机器人“四大家族”——ABB、安川、发那科、库卡公司的快速发展，也带动了我国工业机器人公司迅猛崛起。

当汽车进入智能化时代，汽车的制造流程和消费过程都将发生全新的变化。汽车不再仅仅是一家汽车企业交给用户的一个交通工具。汽车生产企业需要更多、更频繁地与用户交互，而智能汽车可以借助空中下载技术（OTA）升级功能，实现常用常新；同时也会随着用户的频繁使用而收集海量个性化数据，方便推送定制化服务，能够实现“千人千面”。显然，未来车主将成为汽车的一部分，也将成为汽车行业的一部分；车主是汽车智能化的一部分，汽车也是车主实现智能生活的一种方式。这是很多基于智能汽车而入场的“造车新势力”在中国汽车产业的全新发展阶段，为中国用户带来的“美好蓝图”。但它确实是有可能实现的，或者已经在实现的路上。这一切的发生都与汽车生产、制造、运输、驾驶等全流程智能化和“机器人化”有关。

我们之所以强调“所有的机器人本质上都是特种机器人，都是工作机器人”，是因为人类社会已经不容易分清是生产在刺激消费还是消费在刺激生产。农业与工业、工业与服务业的边界越来越模糊，消费者与生产者之间的关系也越来越混乱。可以说，随着万物互联、万众经商时代全面到来，消费者正在成为引领机器人发展方向的重要力量。比如物流业、快递业的发展，就与消费者的强烈需求暴发有关。而快递业的机器人、人工智能发展水平，也是在消费者需求强烈牵引下的自然突进。

2019年我国快递包裹量突破600亿件，2020年快递包裹量达830亿件，2021年达950亿件，2022年将超越1 000亿件。这给智能物流、智慧配送带来了巨大的发展机遇。受汽车仓储物流运输、快递包裹运输分拣系统的启发，搬运机器人在很多环节上都可以大显身手。

搬运机器人又可细分为分拣机器人、仓储机器人、码垛机器人等。当前快递物流公司用得比较多的是分拣机器人。它每天的任务是接到订单后，根据订单上的货物清单，到仓库中不同位置找到相应的货架。工作人员将货物放到包装箱后，它再到下一个货架配货，一个订单上所有货物收齐后，再将箱子送到打包员手上，然后去接下一个订单。分拣机器人的应用可以大大减轻分拣员的工作量，还可以减少分拣的误差和损伤。仓储机器人往往需要同时配备一台“自动引导车”，它是一种具备高性能的智能化物流搬运设备，主要用于货物的搬运和移动。仓储机器人体积小巧，但这并不影响它强大的搬运能力，它不需要人工操作驾驶，就能够实现无人搬运车的功能。仓储机器人通过指令自主地跑到对应的货架下方，然后托起货架，精准地把货架搬运到目的地，这样就实现了“货到人”的智能搬运等工作。有了它，不仅省去了工人在仓库中找货的时间，而且可以真正实现从“人到货”转变为“货到人”。 在工业生产线中，由于科技的进步以及现代化进程的加快，用于生产的机器不断更新换代，产品生产的速度越来越快，如果依旧是人工从生产线上搬运货物，然后摆放整齐、打包成垛的话，工厂需要雇佣大量工人。这样不但费时费力，而且堆垛的效率很低。这已经远远不能满足大型企业的需求，因此码垛机器人应运而生。工业产品尤其是大流通量的工业产品，有一个非常鲜明的特点就是非常标准和统一，即使产品本身“奇形怪状”，它们的外包装也绝对是有统一标准的。这就给码垛机器人的工作提供了非常良好的基础。有了这个基础，码垛机器人就可以成为码垛工人手足与大脑功能的延伸和扩展了。它将装入容器的物体按一定排列要求码放在托盘、栈板上，可堆码多层，堆码和分类之后便于叉车重新装载，运至仓库储存。它不仅可以帮助人们完成繁重、单调、重复的劳动，而且大大提高劳动生产率，并能保证产品质量。码垛机器人可以投入任何生产线中使用，其内部有固定的程序，这些程序可以命令机器人抓取货物、转身、低头、抬头等一系列动作。有些码垛机器人“腕部”安装了一个吸盘，这个吸盘的学术名称叫“真空抓手”，靠气动的方式给它力量抓起货物，也就是吸起货物，然后它的底座轴处可以进行360° 旋转，保障了货物堆放的“自由度”。当遇到货物表面有孔或没有平整表面的时候，吸盘式真空抓手就失去了抓取的功能。这个难不倒码垛机器人的研发师们，他们又研发出了由两个叉子组成的抓手。假如某个物品是由编织袋包装的，无法使用真空抓手来抓取，而叉子抓手可以完美地完成任务。码垛机器人为生产现场提供智能化、网络化、标准化、持续化的工作表达。它可以帮助啤酒、饮料和食品行业实现多种多样作业的码垛物流，全面替代人工，全面超越人力，广泛应用于纸箱、塑料箱、瓶类、袋类、桶装、膜包产品及灌装产品等。

3 疫情刺激下无人码头的突破

用机器人和人工智能的视角来看，也许整个地球正在成为一台在浩瀚太空中悬浮的“智能机器人”。它内部的神经网络互相联通，各个节点能够完全自主又互相关联和牵制。有人感叹，如果港口是“无人港口”那该多好。在智慧码头建设方面，天津港正迈出坚定的步伐。天津港集团引人注目的是他们“努力用新技术改造旧码头”，借此打造“世界一流智慧港口”。2020年天津港克服新冠肺炎疫情冲击逆势而上，集装箱吞吐量突破1 835万标准箱，创历史新高，同比增长6.1%。一排排无人驾驶电动集装箱卡车按照预设指令在自动化轨道桥下精准对位，装载集装箱后从自动化堆场鱼贯而出，在北斗导航系统的指引下，按照实时测算的最优行驶线路停靠到预定地点，由远程控制自动化岸桥从无人驾驶电动集卡上抓取集装箱，稳稳落在集装箱货轮上……整个流程一气呵成。这就是全球首创“传统集装箱码头全流程自动化升级改造项目”，帮助天津港完成了华丽转身。而他们突破的亮点，在于“用创新技术改造传统码头”。截至2021年，全球港口98%以上的集装箱码头都是传统人工操作码头，自动化升级改造成为港口发展的必然趋势。新兴的“自动化码头”“无人码头”均为新建码头，大部分是以堆场自动化为主的半自动化码头，已建成使用的全流程自动化集装箱码头全球只有10余个。现有的自动化码头技术方案无法解决传统人工码头的全自动化升级改造需求。天津港集团坚持自主设计、集成创新、联合攻关，率先实现无人驾驶电动集卡车队规模化运行，以及集装箱地面智能加解锁站投产；率先在全球应用新一代高精度云点图船舶扫描系统，实现远程操控自动化集装箱岸桥陆侧“一键着箱”；自主研发针对“边装卸”作业工艺的集装箱作业任务集成管理系统，率先实现一套系统对整条无人自动化作业系统的控制管理。所有的突破开辟了传统集装箱码头全流程自动化升级改造的新模式，为全球港口提供了自动化升级改造的系统性解决方案，为世界智慧港口建设提供更多可复制、可推广的“中国方案”“天津样板”，助力天津北方国际航运枢纽建设更好服务京津冀协同发展和共建“一带一路”。世界著名港口青岛港正全面实现“无人码头”化作业。2017年5月，青岛港全自动化集装箱码头一期工程投入商业运营。2019年11月，青岛港全自动化码头二期投产运营。到2021年5月，青岛港码头已经“空无一人”。它成为亚洲首座、全球领先的全自动化集装箱码头。如果“驾驶”无人机飞到青岛港上空，在屏幕上从空中如飞鸟般俯瞰，你会看到青岛港各个物流平台上一台台蓝色机器正静悄悄工作。整个码头上所有的“机器人”全靠一个个不容易看见的“智慧大脑”精细地指挥。如果你在青岛港观察会发现，船舶靠岸之后矗立在码头的蓝色自动化桥吊将集装箱卸下。自动导引车装载着集装箱，按照预定的路线有序运送到堆场，然后由轨道吊车相互配合将集装箱精准投放在路侧，由集装箱货车带着去往各地。青岛港码头上一共铺设了4万多个磁钉，自动导引车每一次经过，磁钉都会报告位置，借此实现自动导引车的精确定位。依靠后台的计算机系统，一个个优化指令被计算出并发给自动导引车，从而实现转运过程的自动化、无人化。青岛港全自动化集装箱码头开创了“低成本、短周期、高效率、全智能、更安全、零排放”的高质量发展“青岛模式”，在全球自动化码头领域制高点上树起了“中国方案”“中国效率”的旗帜。有了一台又一台联网工作机器人，有了每天奔腾不息的高速互联网，有了无处不在应用的人工智能，自然随时生成和传送着海量的“数据”，这就需要非常庞大的数据中心才能够保存、运算、调用、联结、输送、交换与应用。

黑灯工厂将会成为灯塔工厂

2021年，已经一百多岁的青岛啤酒厂全面进入智能化时代。啤酒厂现代化流水线里，灌装、贴标、压盖、杀菌等各个环节都全面实现了高度智能化。依托各种传感器、智能识别和数据传输，青岛啤酒生产全过程均实现了全自动控制。机器视觉替代人工检测，智能化设备取代人工作业，成品自动入库管理，从原料投料到制造再到成品出库实现智能化。依托这些技术，2021年3月，青岛啤酒成为全球首家啤酒饮料行业工业互联网“灯塔工厂”。“灯塔工厂”被称为“世界上最先进的工厂”，是由达沃斯世界经济论坛和麦肯锡咨询公司共同遴选的“数字化制造”和“全球化4.0”示范者，入选企业代表未来工厂的数字化增长和可持续发展之道。青岛啤酒“灯塔工厂”的独到之处在于将个性化定制嵌入大规模生产。在每小时生产6万~8万罐啤酒的流水化生产线上，工业互联网智能分拣系统能快速识别每一个罐上的二维码，准确分拣出数量少到可能只有1罐的个性化定制产品，实现同时生产20个品种彼此互不影响。到2021年，全球总计69家“灯塔工厂”，中国“灯塔工厂”就有20家，是全球拥有“灯塔工厂”最多的国家。早在2018年，青岛海尔入选全球首批“灯塔工厂”。它采用以用户为中心的大规模定制模式，搭建从用户下单、智能生产到用户体验迭代的大规模定制平台和远程人工智能技术支持的互联工厂智慧服务云平台，不仅实现了高精度下的高效率，还实现了“零库存”，达成了投入产出的平衡。这一模式得益于“工业互联网平台”的深度赋能，实现了生产车间的高度自动化、智能化。2021年9月29日，北京市昌平区南口镇李流路“三一重工”南口产业园一号工厂4万平方米的偌大车间中，现场工作人员不过十来人。而在过去，这里的工人曾一度达到1 000余人。一台台高达3米多的“机器人”摆动着手臂，在代替他们夜以继日地“上班”。它们的任务是制造各种机器设备。智能技术正在让人和机器的角色在生产车间内“重构现实”。它有可能是中国当前智能化水平最高的车间之一。2021年9月初，它被“世界经济论坛”评为全球重工行业的首家“灯塔工厂”。拥有庞大身躯的数百万吨级的“旋挖钻机”就是从这里生产并运往国内外。据了解，三一集团在全国各地已经有多达30多个工厂实现了生产智能化。这是他们花费三年推进数字智能化改造的成果。三一集团认为，智能制造是企业发展的良好机会和基座，是一种非常新的工业文明。智能制造将深刻改变人类社会，改变这个世界。工业机器人的技术和成本、工业互联网、5G等因素，已经让制造业的深度数字化和智能化变成现实，也是中国所有企业的共同追求。预计三五年之后，中国大量的工厂（包括中小规模的工厂）都将经历一番智能化带来的显著改变。一些平台性的工业互联网技术的发展，将会使这一切以一种越来越“轻松”的方式实现。这样的工厂有两个互相冲突的“外号”：一个叫“黑灯工厂”，表明机器人不再需要人类所依赖的可见光“照明”；另一个则叫“灯塔工厂”，表明它们指引着工厂未来的发展方向。“灯塔工厂”本质上即智能制造，是遵从于第四次工业革命提出来的以柔性制造为基础的生产方式。劳动者在农耕时代是重体力劳动，蒸汽机的发明以及电气化时代让重体力劳动变成了轻体力劳动，智能制造在数字时代将进一步解放劳动者。灯塔工厂让人和机器之间形成一种协同关系，而不仅仅是体力的替代关系。三一集团在北京昌平的工厂内部有8个柔性制造工程中心，10多条自动化产线，375台大型设备，其中机器人超过150台。高速运转的同时还在不断升级改造，比如有一条部件装备和主机装配生产线，它由一个个“工作岛”组成，它们既相互独立，也通过一些移动机器人（AGV）相互联络。在工作岛中，长着一个巨大“抓手”的桁架机器手——它不同于关节臂机器手——通过安装在机器上的眼睛（也就是摄像头），来寻找和确定数吨重的工件，在半空中的精准方位进行抓取，再将之与十多吨重的桅杆实现准确对接。它的精度在毫米级，摄像头是移动的，且高度很高。对于一台庞大的旋挖钻机来说，车间的摄像机达不到一定高度就拍不全每一个工件。但高度高了，精度又不容易达到，这对视觉识别的精度又提出了很高的要求。“桁架机器手”的旁边是另外两台关节臂机械手，它们彼此配合，互不干涉。它们帮助这个面积4万平方米的工厂，在2021年生产了价值78亿元的桩机设备，比2019年增长59%。数字化改造能够大大降低企业的成本。尽管三一集团数字化改造的总支出达到一百几十亿元，但分解到每个单元依然是能够承受的。以在北京的工人成本为例，一位工人成本加上五险一金和福利，基本上要20万人民币，三年静态成本60万元，动态还不止。机器人便宜的大概10多万元，贵的60万~70万元，一个机器人工作站造价便宜的五六十万元，贵的一百多万元，算下来一般三年左右可以收回工厂改造的费用。工程机械是周期性产品，智能制造也在一定程度上对冲了周期带来的风险。销售旺季时，生产高峰需要大量招聘工人，低谷时则又要大量解聘工人，这给企业带来巨大的负担。有一段时间，三一集团的员工7万名，其中5万多人是工人。智能制造让这家企业对产业的把握不再依赖人力。他们甚至在想象，未来3 000人能够完成3 000亿元的产值。

无论是“灯塔工厂”还是“黑灯工厂”，都是“无人化的工厂”。这样的工厂还有一个好处就是促进环境保护和工人的身体健康保护。以广东佛山为例，这里是全世界著名的卫浴陶瓷生产基地。卫生陶瓷生产过程中，有一个重要工序是喷釉。它利用压缩空气将釉浆雾化喷涂坯体表面。长期以来，我国的喷釉工序主要靠手工完成，其作业环境恶劣，劳动强度大，质量差，生产效率低，品质难于统一。工人长期处于机器轰鸣声中，一到夏天车间内温度极高，空气中弥漫着粉尘，影响工人身体健康。2011年，我国首台国产喷釉机器人在广东佛山诞生。智能机器人进入喷釉生产线替代人工作业，不仅生产效率大幅提升，工厂的环境也更环保。这是一些机器人研发专家的工作路径：瞄准工业机器人在传统行业的应用，主攻机器人集成应用。为破解操作工人需要经过一个月左右的时间培训这一难题，喷釉机器人的生产厂商又研发了“无动力示教关节臂”。只需工人拖动示教关节臂进行一次喷涂工艺示范，关节臂就会自动记录数据并生成可连续生产的机器人程序。如此一来，机器人即可精准模仿示范的工艺进行生产。

1959年，第一台工业机器人问世之后，工业机器人的智能化水平不断进化，到2021年，已迎来第二代向第三代转变的“拐点”。在联想集团看来，第三代智能机器人的特点是：具有感知、决策和规划能力，能够自主行动实现预定目标，完成复杂任务。为此，“晨星机器人”需要具备能够帮助用户立体感知远程环境，并与之实时交互的“机器人系统”。大量的前沿技术使得该机器人系统具备远程呈现、远程控制及示范学习的能力。“晨星”在视觉识别方面也有不少进步，它运用日趋成熟的一些视觉识别设备，以此拥有“手”“脚”“大脑”和“眼睛”，能够灵活进行高精度的操作。以此为基础，再加上3D相机、智能检测、人机协同融合这些系统，在操作系统等软件的支持下，才有可能铸就一套完整的解决方案，为客户的需求提供完整而周到的服务。“晨星”在工作中主要承担国产C919中型客机的喷涂工作。

5 工程机械机器人开始百花齐放

2021年5月11日，云南机械总院组织召开了“穿山机甲系列全地形智能混凝土滑模装备”专家鉴定会。穿山机甲系列大型智能混凝土滑模机是一款中国独立自主研发的高性能、高适应性、高效率设备，它能够实现山区丘陵等恶劣环境下高速公路、高标准农田等各等级道路中路肩、路缘石、防撞墙、排水沟等多种条状混凝土结构的高效率、高品质施工。穿山机甲公司负责人周建刚介绍说，工程机械必须重视智能化。现在，全世界都出现一个大的潮流，那就是工程机械全面无人化、智能化、大数据化、云计算化。人们传统观念中的傻大笨粗的工程机械的形象，正在向灵巧精美的趋势改变。穿山机甲将继续创新，不断努力在智能化和精美化等方面更上一层楼。

从“穿山机甲”智能化的趋势可以看出，我国不仅是世界工厂，而且是“基建超人”，基建正在全面智能化。在全世界范围内展开的基础建设，带动我国“工程机械机器人”的研发和产业化，在自主创新的引导下出现了令人眼花缭乱的发展前景。

2021年6月6日，国家重点研发计划“大型矿井综合掘进机器人”项目启动会暨实施方案评审会在山西焦煤集团举行。该项目如在3年时间完成研发，将大大缓解、改善煤矿采掘衔接紧张局面，实现大数据、人工智能与煤矿开采有机融合。更重要的是，它将切实将一线掘进工人从最艰苦、安全无绝对保障的作业环境里解放出来，让矿工更加体面地工作和生活，把危险的工作让给煤矿机器人来完成。2020年，全国煤炭消费量约40.1亿吨，同比增长0.9%。预计到2035年，煤炭占我国一次能源消费比例仍在40%以上。因此，对于煤炭行业，我国一直致力于推动智能化普及，并相信煤矿智能化是煤炭高质量发展的技术支撑。我国采煤技术经历人工炮采、普通机械化开采、综合机械化开采和目前的智能化开采四个主要阶段。煤矿智能化是第4次煤炭行业重大技术变革。煤矿机器人被认定为推动煤炭行业智能化的关键一环。2019年初，《煤矿机器人重点研发目录》公布，将煤矿机器人分为掘进、采煤、运输、安控、救援五大类。“十三五”期间，我国煤矿智能化开展了“大型矿井综合掘进机器人”“复杂地质条件煤矿辅助运输机器人”“面向冲击地压矿井防冲钻孔机器人等应用示范类”的专项研究项目，聚焦关键岗位、危险岗位，重点推进5类38种煤矿机器人研发，取得了一定成果，对一些指标进行了规范。2020年3月，国家发展改革委等8部委印发了《关于加快煤矿智能化发展的指导意见》(以下简称《意见》)，指出煤矿智能化是煤炭工业高质量发展的核心技术支撑，需要将人工智能、工业物联网、云计算、大数据、机器人、智能装备等与现代煤炭开发利用深度融合，最终形成全面感知、实时互联、分析决策、自主学习、动态预测、协同控制的智能系统，从而能够实现煤矿开拓、采掘、剥取、运输、通风、洗选、安全保障、经营管理等过程的智能化运行。这种一体化、智能化发展方向，对于提升煤矿安全生产水平、保障煤炭稳定供应具有重要意义。《意见》要求，到2021年，建成多种类型、不同模式的智能化示范煤矿，初步形成煤矿开拓设计、地质保障、生产、安全等主要环节的信息化传输、自动化运行技术体系，基本实现掘进工作面减人提效、综采工作面少人或无人操作、井下和露天煤矿固定岗位的无人值守与远程监控。《意见》要求，到2025年，大型煤矿和灾害严重煤矿基本实现智能化，形成煤矿智能化建设技术规范与标准体系，实现开拓设计、地质保障、采掘(剥)、运输、通风、洗选物流等系统的智能化决策和自动化协同运行，井下重点岗位机器人作业，露天煤矿实现智能连续作业和无人化运输。《意见》要求，到2035年，各类煤矿基本实现智能化，构建多产业链、多系统集成的煤矿智能化系统，建成智能感知、智能决策、自动执行的煤矿智能化体系。煤矿智能化的主要路径是“智能化生产决策控制+机器人作业”。2020年12月，国家能源局、国家矿山安全监察局确定71处煤矿作为国家首批智能化示范建设煤矿，其中井工矿66处，露天矿5处；智能化升级改造煤矿63处，新建智能化煤矿8处。

2021年9月底，世界首个极寒露天煤矿5G+无人驾驶项目——“极寒型复杂气候环境露天煤矿无人驾驶卡车编组安全示范工程”，通过了国家工业性示范运行安全评审和科技成果鉴定。无人驾驶卡车运行在内蒙古呼伦贝尔草原中心的宝日希勒露天煤矿，总重接近400吨的重型矿车在矿区内穿梭自如，24小时作业不息。宝日希勒露天煤矿是中国最北端的大型煤矿之一，冬季夜间最低温度甚至可能达到零下50℃。使用无人驾驶卡车，既提高了效率又提升了安全生产水平。无人驾驶可以尽可能消除人工作业中存在的安全隐患，有利于改善员工的工作环境，还将缓解煤矿工人紧缺的问题。无人驾驶卡车经由传统矿车升级改造而来，整体结构与普通卡车没有明显差异，但是无人驾驶卡车在传统卡车的基础上新增了多个配套系统，通过精心改造，使得矿车向智能化方向发展。第一是网络通信系统，良好的网络通信系统是实现无人矿山卡车与指挥调度中心进行数据传输的保证。第二是应急管理系统，应急管理系统可以实现紧急情况下的应急处理和故障处理，保证矿车作业过程中的行车安全。第三是协同作业管理系统，无人运输卡车无法单独完成作业，它需要与推土机、平路机等设备协同作业，形成一个完整的露天矿作业生产系统。此外还需要配备一个智能作业管理系统，以帮助人员远程调度无人矿卡。极寒条件容易导致道路结冰，如何在冰面上实现无人驾驶的平稳控制和安全运行，是无人驾驶技术应用的挑战之一。另一方面，矿区的冬季多有大雪和大雾天气，在如此气候环境下实现无人驾驶技术的精准感知与反馈，以帮助无人驾驶系统做出合理的决策规划也是一大挑战。为此，无人矿卡需要采用耐极低温的元器件在元器件上加装保温措施；无人驾驶卡车还具备雪地模式，通过控制车辆的速度来确保车辆在湿滑路面上的行驶安全。无人矿卡的前后都加装了摄像头、毫米波雷达、激光雷达等感知设备，搭载了强大的算法处理能力，帮助排除冬季飘雪与夏季沙尘等复杂环境对感知能力的干扰。随着我国制造能力的不断提高，驾驶室都可能消失，全面进入更加智能化的“无人驾驶时代”。

挖掘机被誉为工程机械“皇冠上的明珠”，在资源开采、工业生产、建设施工和抢险救灾等领域应用广泛，且拥有十分可观的全球市场份额。随着新型基础设施建设的大力推进，工程机械行业不断向数字化、智能化方向演进。百度无人挖掘机作业系统（AES）的研究包含一套以三维环境感知、实时运动规划、鲁棒运动控制为核心的AI算法，可在不同工作情况下进行无人化作业。它实现了三个方面的提升：首先是感知系统利用低成本相机和激光雷达，实时生成高精度的三维环境地图，通过计算机视觉和深度学习等算法，可以检测作业环境中的运输卡车、障碍物、石块、标识和人员等，并对卡车、障碍物等物体进行准确的三维姿态估计，同时也可以识别作业物料材质等信息。其次是基于感知系统的信息反馈，通过学习和优化算法，能够快速进行作业规划和多自由度的挖掘机各关节运动路径规划，确保提升作业效率的同时降低机械损耗。第三是通过高精度运动闭环控制算法，能够实现挖掘机各机构的精准运动控制，解决传统工程机械中运动控制无法闭环、轨迹难以跟踪、跟踪精度差等难题。

百度团队和江苏徐工等工程机械头部厂商打磨合作，优化和落地无人化作业系统，帮助工程机械用户提升生产安全性，降本增效，推动工业生产向数字化、智能化、安全化、绿色化的目标迈进。2021年7月，百度研究院机器人与自动驾驶实验室团队牵头开发了全新无人挖掘机作业系统（AES）的最新技术成果。这个研究融合了感知、运动规划和控制系统，可驱动挖掘机自主完成挖装任务，进行24小时连续无人化作业，并成为全球首个实际落地的、可长时间作业的无人挖掘机系统，在工程机械自动化、无人化作业领域具有重要价值和影响。2020年7月，徐工传出消息，准备成立专门的特种机器人公司，面向消防、救援、巡检、排爆、扫雷等方向，准备在短期内推出最有竞争力的“特种机器人”产品。2018年11月上海宝马展会，徐工展出了首台无人驾驶工程自卸车，吸引了业界的广泛关注。该“工程自卸车”采用毫米波雷达、双目摄像头等诸多先进传感系统，融合徐工重卡潜心研发的无人驾驶技术，可实现自主装卸、循迹行驶、智能避障等多项无人驾驶功能。2019年10月，徐工宣布其露天矿山无人驾驶运输系统示范工程的首批无人装备在中国黄金集团完成装配，正式开启技术研究与市场化应用相结合的重要篇章。这套设备突破了多传感器信息融合、车辆控制、智能决策和系统集成等技术难题，可在中心调度系统指挥下实现自动装卸、循迹行驶、智能避障等无人驾驶功能。

“盾构机”的出现，让“钻山打洞”在幽远深长的洞穴里修路铺轨成了非常容易的事。无论是地铁隧道还是高铁隧道，都必须依靠它。我国生产盾构机的企业主要是中铁装备、铁建重工、中交集团等，对盾构机有需求的企业主要是为数众多的基建工程施工企业集团。“盾构机”因为要与岩石等坚硬物体“作战”，持续的切割导致它的滚刀容易磨损，需要随时更换。为此，一直有企业界和科技界专家不断努力研发盾构机换刀机器人系统，通过全自动的方式替代传统人工换刀过程，从而降低人员和设备风险。它通过“三自由度机械滑轨”搭载“六自由度蛇形机械臂”，可以在复杂狭窄空间内完成更换滚刀所需要的各种动作。配合设计的改进刀箱刀具单元以及机械臂末端手爪，操作人员能够在安全环境下远程监控机器人系统，提升换刀效率的同时确保操作人员的安全。在研发人员看来，盾构机实现自动换刀是未来的必然趋势，在市场中有着强大的推广优势。这个刚需应用难题在上海大学“上海机器人研究所”得到了解决。疑难点就是需求点，就是市场机会点。上海机器人研究所由此涌现了一个“科技成果产业化”的优质成果。上海大学“上海机器人研究所”成立超过30

年时间，一直是上海科技创新的重要支撑之一。上海机器人研究所常务副所长袁建军教授介绍，盾构机是一种自动化程度很高的大型地下掘进设备，但其技术先进度已经停滞了20多年没有大的革新。现阶段各地下施工场地仍采用人工方式更换刀具。换刀过程中，为保证外界泥土等不进入仓内，需进行加压操作。极端情况下，操作人员需承受约6个大气压。同时，隧道面存在失压风险、坍塌危险，对现场工作人员造成不可逆转的伤害。基于这个特殊状态，施工各方面都对自动化换刀提出了强烈需求。此前，国内尚无成熟研究与解决方案。2019年9月，上海大学和宏润建设集团科研团队经过长达3年的研发合作，成功发布了国内首套大型高端智能装备——盾构机换刀机器人功能样机，并进行了全过程实际盾构机换刀功能动作演示。该系统的成功研发填补了国内相关领域的空白，解决了传统人工换刀伴随的伤亡风险及高成本低效率等瓶颈问题，具有极强的社会民生及经济效益。袁建军教授介绍说，该换刀机器人提升了盾构机在狭窄空间的可通过性和任务可完成性，确保了极端环境条件下的作业可靠性与抓刀、换刀的精准实施，将平均6小时的人工换刀过程缩短到24分钟。它既使盾构机迅速完成换刀维护并重新开始掘进施工，又避免了包括人员在内的各项危险。

6 协作机器人成为特别发展方向

研究表明，“协作机器人”是工业机器人面临的特殊发展机遇。我国在机器视觉和5G等领域技术创新突破正加速推动机器人技术；边缘计算的进步将有助于为工业机器人提供更高的灵活性和可实现性。AI+边缘计算可使机器人能够在本地执行数据处理，而不需要让数据在“云”中来回传输，因此机器人在工作的时候，对本地数据的安全处理将会非常重要。这些将拉动工业机器人市场在部分未开拓行业快速增长，使机器人行业发展整体进入世界第一方阵。而这个“未开发部分”应当就是协作机器人。在“全面无人化”和“全面人工化”的过渡地带，表现突出的协作机器人由于实用性、易于安装和不断降低的价格，正成为广泛应用的经济可行的解决方案。国外分析机构预测，到2024年，协作机器人将有可能成为增长最快的机器人细分市场。“协作机器人”可以看成是工业机器人领域细分出来的一个新型分支。2008年，丹麦优傲机器人公司研制出世界上第一台轻量化、小型化、人机协作机的六关节协作机器人。到2021年，协作机器人已经全面进化为很多企业的“战略性产品”，全球协作机器人厂商数量已经超过120家。

所谓协作机器人，就像助手一样，协助工人更好地开展工作。它并不强调“自主决策能力”，而重视圆满地完成工作任务。优傲公司于2008年推出的全球首款协作机器人，像是缩小版的工业机械臂，协助工人安全作业，减少机器人占地面积，降低机器人制作成本，这样，能够更好地满足中小企业需求。受此影响，以库卡、发那科、

ABB、安川“四大家族”为首的传统工业机器人企业，也逐步涉足这一领域。库卡公司第一个在协作机器人上加装力觉传感器；发那科公司发布的产品拉高了协作机器人整个行业的重复定位精度标准。一些公司设计出了仿生化的协作机器人，在服务业全面渗透，在餐饮业、服务业深受欢迎。许多炸鸡、炒年糕的著名连锁店在油炸等高温环节引入机器人进行协作；家具、物流、消费品方面对机器人的需求也越来越多，应用范围在不断扩大。

2015年之后，中国也陆续注册起家了一批协作机器人厂商，如遨博智能科技有限公司、新松机器人自动化股份有限公司、珞石（北京）科技有限公司、艾利特（苏州）机器人有限公司、越疆科技公司、上海节卡机器人公司、深圳市大族机器人有限公司。这些协作机器人公司更新换代速度较快，几乎每个厂商每年都会推出新品。他们的协作机器人生产模式大部分都是“进口关键零部件”加“国产本体”加“半国产系统”。到2021年，占协作机器人成本比例高达70%的三大核心零部件，国内市场格局仍是主要被外资企业把持瓜分。虽然已出现了如汇川技术、华中数控、中大力德等快速成长的核心零部件自主品牌，但当时，我国85%的减速器市场、90%的伺服电机市场、超过80%的控制系统市场仍被海外品牌占据。不论是技术还是价格，国内协作机器人都受到了极大的掣肘，国产替代进口仍然有很长一段路需要走。由于用人成本增加，协作机器人日益被广泛应用于工业、医疗、物流、娱乐等各个方面。未来，随着协作机器人技术发展、中国社会人口老龄化日益加重、人口出生率连续下跌和人口红利逐渐消失，协作机器人在中国将会有更大的市场。2021年开始的“十四五”规划，将我国科技创新、自主创新等驱动发展战略提升到前所未有的高度，物联网、大数据分析、人工智能和区块链等技术有着巨大的发展潜力。机器人作为人工智能的载体和智能制造的关键单元，也是《中国制造2025》强国战略大力推动的重点领域之一，正面临着前所未有的机遇。

谁的工作最容易被机器人替代

2017年，我国就有机构在研发“高考机器人”，这让很多家长非常紧张，如果高考都被机器人取代，孩子们还有必要上大学吗？或者还有大学可上吗？与之相伴而来的焦虑是孩子们上完学之后，还能从事什么职业。2018年5月，《中国教育报》做了一个关于人工智能与教育方面的专题报道，在讨论“教师的职业会不会被替代”时？北京师范大学教育学部副部长余胜泉说：“如果你的工作包含以下三类要求，那么你被机器人取代的可能性非常小：社交能力、协商能力以及人情练达的艺术；同情心以及对他人真心实意的帮助和关怀；创意和审美。反之，如果你的工作符合以下特征，那么被机器人取代的可能性就非常大：无需天赋，经由训练即可掌握的技能；大量的重复性劳动，每天上班无需过脑，但手熟尔；工作空间狭小，坐在格子间里，不闻天下事。”余胜泉又举例说，英国广播公司（BBC）基于剑桥大学研究者的数据体系，分析了365种职业未来的“被淘汰概率”。其中，电话推销员、打字员、银行职员等职业分别以99.0%、98.5%、96.8%的概率被列为可被人工智能取代的职业；而艺术家、心理医生、教师等职业分别以3.8%、0.7%、0.4%的概率被列为最不可能被人工智能取代的职业。

一批现在炙手可热的职业即将面临失业下岗的危机。一些人认为，人工智能的快速发展消灭的不是快递小哥、工地搬砖的就业岗位，而是初级的、重复性高的白领岗位，这会在金融、企业管理造成持续性的“大清洗”。有人说：“不要苦巴巴地读了一个金融专业的文凭，最后连银行柜员的位子也保不住。”或许在这时候，选择通用性强的“手艺”可能比“专精”的手艺机会来得更多。在高学历等于高收入等于高资产的“财务自由”梦想逐步丧失的时候，或许拥有一门手艺每天勤奋到可以获得“财务自由”的踏实过日子，也会被职业机器人所冲垮。在到处都是职业机器人的时候，我们人类还有什么可以做的呢？如果什么事都不用做了，我们人类还有什么价值呢？这时候又需要职业机器人做什么呢？

想象一个新闻传播的“后现代场景”，机器人写新闻，通过机器人平台播发，然后机器人阅读和推送、评论和转发、讨论和存储。在这全过程中，最重要的“人”上哪里去了呢？2010年以来，我国一直非常重视“融媒体”的发展。所谓融媒体，就是从采访到播出、分发，已经不再区分文字、图片、声音、视频等“不同专业”。一次采访，多平台使用；一个平台，多种方式推送新闻。这样的好处是公众能够在最快的时间全方位获得最真实的信息，这样的挑战是记者编辑们需要掌握多种采访编辑和传播手段，以往的文字记者、摄影记者、摄像记者的分工正在消失，记者、编辑的前后方差异也在消失。可以说，现在一个人就是一个电视台了。在中国传播、出版业融合发展的进程中，方正电子公司始终积极参与行业的转型与技术的变革，秉持“科技顶天，市场立地”的技术创新精神，不断推出拥有一系列自主创新技术的产品和解决方案，为出版行业全产业链提供了有效的技术支撑。它们一直在用智能技术促进数字出版融合发展，推动我国数字出版业迈向数字化、网络化、智能化、高质量发展的新阶段。2021年“中国国际服务贸易交易会”上，方正电子的“智能审校云服务”展现了良好的发展前景。它是结合人工智能技术、大数据技术和内容结构化技术，面向出版社、期刊社、媒体、政府公文等用户量身打造的一项专业审校服务。基于在出版传媒行业多年的耕耘，方正智能审校不仅能够解决常见的字词问题，而且还具备解决稿件体例、知识性问题的能力。依托这强大的能力，方正智能审校服务于全国1 700余家出版机构，为4万余名编辑人员提高工作效率、提升编校质量，给出版单位提供了有力支撑。技术创新给融媒体工作者带来了全新的创业机会，但在很多人还没来得及捕捉这个机会的时候，机器人、人工智能已经开始过来抢饭碗了。这些机器人从事新闻传播创业正在成为风潮。有观众注意到，在《江西新闻联播》上，猎户星空智能服务机器人“豹小秘”化身为“赣云主播”阿尔法，和新闻主持人以语音互动的形式，为大家梳理2021年全国两会最新资讯。从风格上看，豹小秘“主持”节目的语言不失风趣幽默。中央主流媒体之一新华社，其新媒体中心联合搜狗公司，推出了AI合成主播，进行了跨场景沉浸式报道。与以往不同的是，AI合成主播“雅尼”通过新华社“新立方”智能化演播室实现了现实空间与虚拟空间交错，既能“走出”演播室，还能“一键跨进”采访场景，与多地嘉宾连线互动。其实，早在2019年，“新华智云”就推出了智能会话机器人、字幕生成机器人、智能配音机器人、视频包装机器人、视频防抖机器人、虚拟主播机器人、数据新闻机器人、直播剪辑机器人、数据金融机器人、影视综合快剪机器人、体育报道机器人、会议报道机器人、极速渲染机器人、用户画像机器人、虚拟广告机器人、一键转视频机器人、视频转GIF机器人等25款自主研发的“媒体机器人”。显然，媒体机器人正在快速争抢媒体从业者的职位，引领全新的媒体传播潮流。很快，媒体行业也将被人工智能全面覆盖。

2016年11月12日，“十三五”国家重点研发计划“传统酿造食品风味与品质调控及新型酿造技术创制”课题启动会在四川泸州举行。这是中国传统酿造领域首个国家重点研发计划。在五个子课题中，泸州老窖重点负责《智能上甑机器人的研发与产业化》研究，预计四年内出成果。当时，泸州老窖股份有限公司董事长刘淼表示，如果这个课题成功，今后的白酒酿造将不再是苦力活，“烤酒匠”们将不再用冒着高温在恶劣条件下劳作，机器人将代替他们的部分工作。“上甑”作为白酒传统固态酿造工艺中的一个关键环节，历来以手工操作为主，劳动强度大，劳动效率较低。而“上甑”这一工艺流程将直接关系到后续蒸馏环节的出酒品质，相比摊晾、拌粮等工艺流程，它是白酒生产智能化中较难突破的点。如果这个点能突破，白酒生产工艺将能在大多数环节实现智能化。借助这一国家重大课题的研究，泸州老窖成立了专门的公司来负责深入推进传统白酒酿造、流通和销售与最前沿的科技成果相结合，在制曲、酿酒和储存的自动化、信息化、智能化方面进行技术创新和成果转化。该项目大力推进了酿酒机器人、酒类包装机器人等智能酿酒设备的研发工作；利用机器人高效、卫生、专业等优势，有效地控制成本、降低能耗和减少排放，进行智能酿造、健康酿造和有机酿造，促进了传统酿造产业的升级发展。四年后的2020年9月15日，在上海举办的“第22届中国国际工业博览会”上，“泸州老窖”组织研发的“白酒自动化酿酒设备”获得了一项“绿色节能奖”。这表明，经过几年的努力，泸州老窖在自动化酿酒设备和智能制造领域汇聚了一批优秀案例。“白酒自动化酿酒设备”研究的出发点就是继承传统工艺精髓，将传统操作要点数字化，以现代科学技术丰富传统酿制技艺内涵，让“智能装备拜师学艺”。这套设备运用仿真技术、自动化技术、在线检测、工业机器人、大数据等先进技术，实现酿造出酒率提高5%~10%，优级酒比例提升10%，水资源消耗降低50%，酿酒车间高强度体力用工减少70%，制曲生产用工减少86%的惊喜成果。

8 需求引领机器人快速进化

中国机器人产业联盟执行理事长宋晓刚介绍，2021年，中国每万名产业工人拥有工业机器人187台，工业机器人密度在全球排名第15位，还有很大的提升潜力，家电、家具、卫浴陶瓷、冶金等传统产业应用工业机器人的空间非常大。2020年全国工业机器人完成销量237 068台，同比增长19.1%，全国规模以上工业机器人制造企业营业收入531.7亿元，同比增长6.0%，实现利润总额17.7亿元。在国际国内综合作用力的联合促进下，自主品牌在核心零部件攻关、成套装备以及系统解决方案上都将持续发力，自主品牌工业机器人在汽车制造等高端制造领域的国产替代能力正在持续增强。我国工业门类齐全，更多的高增长行业对工业机器人的需求也不断增长。随着我国大力支持企业智能化改造、智能制造进程不断深入、技术不断成熟以及人力成本上涨，行业智能化改造的引领示范作用逐步凸显，很多制造企业“机器换人”步伐加快，例如新能源、金属和机械、塑料和化学制品、食品工业，以及纺织服装、生物医药等长尾市场展现了广阔的市场空间，卫浴陶瓷、家具家电等通用工业领域开始成为中国工业机器人的新增市场主力。人工智能、传感器等技术与机器人技术不断融合，大力推动了人类与机器协作的普及率，协作机器人的规模增速将会迎来暴发性增长，应用范围也越来越广，而这部分机器人由于发展时间并不长，对于原先地方产业链的依赖并不大。比如，以传感器为核心的机器视觉赋能传统工业机器人，就需要有效综合人类与机器的优势，实现人机协作、人机共存，从而满足部分自动化应用高度柔性化、个性化的需求，这部分新型智能机器人将对人才和科研资源显示出强大的依赖性，对企业的综合生产实力也提出了新的要求。

ER20-1700这款机器人综合节拍提升超过20%，超强的运行速度带来光伏行业产能的提升。大惯量优势解决了光伏机器人末端抖动问题，特殊的防漏油设计满足光伏行业对洁净度的苛刻要求。借力国家碳达峰、碳中和战略的落地，埃夫特光伏机器人实现了高速增长。

ER20-1700在光伏行业的应用

全国政协委员、中国机器人产业联盟副理事长埃夫特智能装备股份有限公司董事长许礼进表示："国产机器人日趋成熟，有望在细分市场全面开花。"机器人产业属于典型的长周期投入"硬科技产业"，也属于典型的多学科融合产业，其对技术点的要求既有广度又有深度。机器人产业的发展需要良好的战略定力和持续长期的全方位投入，经过近几年的研发和技术积累，国产机器人已日趋成熟，得益于中国巨大的应用领域，有望在一些细分市场上全面开花。许礼进指出，中国有最齐全的制造业门类，最广阔的制造业应用场景。中国是全球的制造业中心，产业工人的劳动力紧缺是越来越急迫的现实，目前工业机器人除了在汽车和3C行业应用较为成熟，渗透率较高外，在其他通用制造业渗透率较低。因此，“机器人换人”的市场需求巨大。工业机器人作为人类生产的重要工具、应对人口老龄化的得力助手、应对特殊场景的“得力干将”，能够持续推动生产力水平提高，有力促进经济社会可持续发展。面对新形势新要求，许礼进相信，未来5年乃至更长一段时间，是我国机器人产业自立自强、换代跨越的战略机遇期。基于中国的巨大应用市场，国产机器人经过近几年的经验积累，在很多细分领域已占据一定的市场份额，并形成自己的核心竞争力。国产机器人正在耕耘光伏、3C、PCB、轨道交通、锂电等新兴行业的市场，一些表面上看似非常“狭窄”的领域，已经有不少国产机器人进入并全面占领。他们关注客户对机器人易用性、智能化的需求，通过将视觉技术、轨迹规划技术、人工智能技术、自动控制技术和工艺模型及数据的集成，降低工程师编程与算法应用的门槛，提高机器人的自主性和智能化水平，满足小批量混线生产的“柔性要求”，并在一定程度上弥补中小工厂工艺工程师的不足。他们把行业的痛点当成企业的痛点，把行业的发展障碍当成企业技术突破的重大机遇。通过良好的迭代和持续的研发、验证，最终在这些细分领域成功地获得了市场机会。这种发展模式是符合产业发展规律的，获得了这些细分领域、空白领域的市场之后，更通用的领域、更广阔的市场空间就会陆续奔涌过来。关键零部件占机器人总成本绝大部分，因而核心零部件是国产机器人能否成功的关键因素，我们需要加快国产零部件的研发和推广应用。近年来，从国家到地方都重视机器人产业链的健康发展，重点支持零部件相关企业研发和推广，国产零部件企业不断创新、成功应用到多个国产工业机器人企业中。不少自主创新的企业利用自身的技术优势，迅速补齐专用材料、核心元器件、加工工艺等短板，提升机器人关键零部件的功能、性能和可靠性。这些企业既重视硬件上的自主突破，又重视开发机器人控制软件、核心算法等，提高机器人控制系统的功能和智能化水平。这些配件和部件的陆续突破，全面降低了国产机器人成本，助力国产机器人产品的提升和应用的推广。当互联网、人工智能、大数据掀起新一轮制造业变革之际，大量资金少、规模小、人才缺乏的中小企业如何利用科技创新的“关键变量”，实现转型升级、高质量发展的“最大增量”？埃夫特在市场调研的过程中，发现中国存在很多集聚区，而集聚区大多数中小企业存在“用工荒”和职业病防护风险的问题，同时面临投资门槛高，后期运营困难的问题。埃夫特通过“共享工厂”的创新实践，为这一问题提供了一种可供复制和参考的系统性解决方案。目前埃夫特的家具行业共享工厂已正式投入运营，未来可快速复制到五金等其他行业，并通过工业互联网采集、分析数据，赋能更多应用场景，形成“智能+共享+绿色”的完美组合。共享工厂模式也时常提醒我们，每个时代都有它明显而强烈的需求，只要认真研究这些需求，一定能够找到合适的解决和应用方案。机器人生产企业不仅需要提升社会的“生产智能化”水平，也需要重视提升社会的“运营智慧”。

芜湖富仕德体育用品股份有限公司去年以来接到不少大单，很多订单来自海外蹦床和户外蹦床需求，要求3个月达到去年一年的产能。

ER50-2100在门窗行业的应用

使用埃夫特弧焊机器人能提升产能20%，而且提高了稳定性和合格率。安徽圣尔沃智能装备有限公司为压铸行业提供打磨抛光去毛刺解决方案。由于压铸行业作业环境相对比较恶劣，高粉尘和高噪声对身体有伤害，压铸工厂招工人比较困难。应用埃夫特机器人实现压铸件打磨抛光去毛刺，通过机器人国产化大大降低了成本，也解决了压铸行业的痛点。

9 大数据背景下的工业机器人

机器人将越来越“软”，越来越依靠数据而不是依靠硬件和设备。或者说，人类对机器人的应用正从依靠单体而全面走向依赖联网、依赖大数据、依赖云计算、依赖人工智能。万物互联的目标不是为了简单的连接，而是在连接的基础上开展创造的生产。就如我们人类通过智能手机联网不只是为了联网，而是为了消费，为了创造，为了生产，为了社会更和谐稳定。北京冠群信息技术股份有限公司董事长兼总经理秦俊峰一直在关注人工智能和大数据的核心“基础设施”，在他和他的同事们看来，大数据时代，“严肃内容”管理的技术实现以及行业标准的形成、对数据安全和公众服务至关重要。

所谓的“严肃数据”，主要是指政务管理及企业日常经营生产当中所生成的各种公文类、凭证类、报告类、单证票据类、证照类、档案类等非结构化数据。这些数据有一个共同特征就是需要原版原貌地归档和保存，需要全生命周期的管理并可追溯。比如政府的电子公文和政府网页，电子证照——营业执照、毕业证、结婚证、身份证等，税务系统的电子发票，财政事业性收费票，海关系统的电子报关单，医院系统的电子病历，银行的各种单据和票据，公司与公司之间的电子合同，等等。这都是个人、企业及政府的核心数据或核心业务内容。过去，对这些数据管理存在标准不统一、过程不可追溯、存储分散等问题，由于格式不统一、对流版签章不能深度集成，导致数据不能共享，管理流程复杂，管理成本增加等问题，严重降低了政务服务和企业管理的管理效率。我国政府和科研部门、产业部门很早就意识到了这个问题，一直在推进严肃内容的智能化和通用化管理。早在2011年国家电子文件管理部际联席会议上，就将电子文件存储和交换格式标准列为“十二五”重点任务，由工信部具体承担。2016年10月14日，由国家标准化管理委员会批准发布了《电子文件存储与交换格式版式文档》标准，这就是我国自主研发的版式格式标准“电子文件”，直接提高到了国家战略的高度。这为严肃内容管理奠定了坚实的标准基础。2017年，国务院办公厅又发布了《关于印发政府网站发展指引的通知》，按照这个要求，“网页归档”也是严肃内容管理的重要内容，已经逐步纳入日常的工作议程。冠群信息深度参与了我国一系列电子文件管理标准的制订，通过自主研发的软件产品实现严肃内容全生命周期的管理，从而实现了信息的产生、捕获、管理应用、呈现、销毁等全过程可追溯，进而实现了数据作为一种资产进行有效管理。

有了自主创新的技术，冠群信息已经成为国内电子文件、电子数据的领导厂商，在严肃内容管理细分领域形成了一个良性生长的有机整体，面向客户提供了“桌面端——服务器端——行业应用系统——云化服务平台”不断演进并持续发展的产业链。冠群信息在自主技术创新方面有很多新的突破。比如电子发票，含电子签章只需要20 K存储空间，而如果是PDF格式的发票，不含电子签章就需要超出200 K的存储空间。这样将每年节约数以百亿张的电子票据存储成本，产生巨大经济效益和社会效益。2020年，冠群信息为银行建设电子回单系统，实现对公客户电子回单和开立对公账户电子申请书等对公业务无纸化。传统银行依赖纸质回单进行传递，而电子回单系统生成的每个单据都具有结构化数据和电子签章，可以直接进行传递并在财务系统中自动归档数据，大大降低以往纸质单据的生成和存储量，节约了整体成本，同时提升了银行对客户的服务能力。依靠这些技术，“冠群信息”对财政部、国税总局等相关部门在金融单证电子化方面设置行业标准的探索提供了良好支撑。秦俊峰指出，版式数据、流式数据及富媒体数据是构成大数据的核心基础设施，而版式数据又是大数据的最核心数据。严肃数据也是人工智能的核心基础数据，是深度学习和大数据分析的核心基石。

整个地球是个生命共同体，时刻发生相互浸润和影响。数据的电子化直接冲击了快递公司的市值。因为，有不少快递公司，主要的利润就是帮助企业、个人和政府快递各种各样的纸质发票、合同、协议。而当它们通过网络就可以自由流通的时候，快递公司这方面的业务有可能一夜之间迅速“归零”，原本高利润的板块瞬间消失。有了大量的数据，自然就需要搭建大量的数据存储和运算中心。有一些公司和科学家认为，从长远方向考虑，水下数据中心可能更符合未来的发展需求，或者，至少是一个非常有效的“数据中心”解决方案。美国的微软公司、中国的海兰信公司，都在努力推进水下数据中心。

全球知名的微软公司，2015年就开始探索海底数据中心，在美国附近海岸下水测试。2018年又进行迭代，在苏格兰奥克尼群岛海底部署了一个集装箱大小、装满服务器的数据舱。数据密封舱里装有864台服务器，有高达27.6PB的存储空间。它被沉入水深117英尺（1英尺=0.304 8米）的海底，利用海水与洋流散热；利用海上的风能、太阳能做能源供给。2020年9月14日，这个密封数据舱在海下沉浸了两年以后被打捞上来，微软官宣的实验非常成功，服务器故障率只有陆上故障率的1/8。水下数据中心不仅在技术上是可行的，在物流、环境保护和经济上也都是可行的。微软的实验表明，在全球沿海地区部署便携式、灵活的数据中心，可以是一种“模块化”组合化的灵活便捷的方式，能源和运营成本低，可以离客户更近，可以分布式部署。这也意味着数据中心可以拆小，而不必将所有都路由到集中式大中心。当然，这些小数据中心也需要连接在一起，扩展为新型的大数据中心。受微软公司启发和客户需求的刺激，我国首个海底数据中心也开始探索。2020年8月15日，深圳创业板上市公司海兰信在海南省大数据局的见证下，与海南移动、联想信息、中通服、奇安信签订战略合作协议，启动了在海南自贸港的绿色数据中心——海底数据中心示范项目建设。海兰信为此组建了近20人的项目团队，董事长申万秋亲自担任项目经理。海洋水下数据舱、海底数据中心潜在市场需求广阔。在“新基建”背景下，根据陆海统筹、集约用海需求，综合利用前沿海洋工程技术、大数据技术，布放在海底一定深度的标准化、模块化、高密度、绿色节能的数据中心基础设施。海洋水下数据舱、海底数据中心具备低能耗、低成本、低延时、省资源、多能互补、高可靠性、高安全性，以及建设周期短、可模块化生产的优势。

我国作为全球人口数量、互联网人口数量最大的国家，特别是在5G技术快速发展背景下，数据中心需求巨大。大数据中心主要建设在陆地，年经济体量超过3 000亿元，既需要占用大量土地，冷却时也需要消耗大量的电能和冷却水资源。海底数据中心以城市工业用电为主，海上风能、太阳能、潮汐能等可再生能源为辅，既可以包容海洋牧场、渔业网箱等生态类活动，又可与海上风电、海上石油平台等工业类活动互相服务。由于经济发展地域性特点，我国互联网数据中心需求主要集中在东部、南部沿海城市群地带。而这些需求中心在地理上大多处于中低纬度区域，年平均气温相对较高，不利于数据中心自然散热；数据中心日常运行需要较大的能源消耗，在政策上，数据中心的电源使用效率（PUE）设计值被不断压缩，传统数据中心的建设难度快速上升。我国数据中心需求相对集中、能源价格相对较高等客观国情，使得我国发展海洋水下数据舱、海底数据中心潜在商业价值大于其在欧美市场的商业价值。

海兰信于2020年7月6日通过了行业专家参加的概念评审，同时完成了试验样机的详细设计，与清华大学签署了《高密度水下数据舱散热冷却系统解决方案研究》合同，与中山广船国际船舶及海洋工程有限公司签署了合作协议。首个试验样机于2020年11月底之前下水测试，2021年完成示范项目建设。2020年11月29日，海兰信在珠海市中海福陆码头完成首台数据舱测试样机布放，2021年1月8日起捞上岸并进行数据分析。分析结果表明，海底数据舱攻克了数项技术难关，实现了高功率密度、高海水温度环境下低能耗值，解决了系统冗余、防生物附着、耐压密封、海水腐蚀等关键技术难题。测试期间样机的密封、压力、冷却、电力、耐腐蚀等各项系统均运作正常，没有故障情形发生。清华大学传热与能源利用北京市重点实验室认为，海兰信海底数据中心以海水为自然冷源，基于分离式热管可实现在南方沿海高热地区数据中心的高效冷却，达到了世界先进数据中心的能效水平。青岛环海海洋工程勘察研究院认为，海兰信样机对测试海域的海洋生态环境友好，出水口最高温升仅为2℃，且影响范围仅为设备周边小范围，基本不会对海区内海洋生物产生负面影响。专家学者表示，将数据中心部署在沿海城市的附近水域，可以极大地缩短数据与用户的距离。不仅无需占用陆上资源，还能节约能源消耗，是完全绿色、可持续发展的大数据中心解决方案。海兰信透露，接下来的3~5年，计划在中国近海（包括海南自由贸易港、粤港澳大湾区、长江三角洲、环渤海经济圈），协同地方政府、金融、企业、互联网用户，建设系列海底数据中心项目。我们的世界表面上看互相连接，其实从太空上看，很多地方还仍旧是信息孤岛。地球上绝大部分区域并没有互联网和机器人分布。所以，在一些特殊功能的沙漠里，也需要“大数据中心”，当然，只能是“缩小版”。

2009年，重庆交通大学教授易志坚成功研发了一种力学约束材料，可以使沙子颗粒之间产生持久的约束力，在沙地上使用能产生跟土壤相似的保水保营养能力。2017年，易志坚团队在乌兰布和沙地，用新材料改造了266.67公顷沙漠，栽上非常耐旱的植被，两个多月时间就长得郁郁葱葱。当高粱、辣椒、番茄、萝卜、西瓜等“大田作物”种下去之后，奇迹出现了。不但全部存活，而且产量惊人。2019年，全国高粱平均每公顷产4 860千克，但这里竟达到了1 335千克。易志坚指出，高产的秘密在土层下面：底层土壤保持了沙子松散透气的特征，农作物根系因此超常发展，发达的根系吸收了充足了养分，提供了高产的保障。根据“第五次荒漠化和沙化监测”结果，全国沙化土地面积超过170万平方千米。如果能用易志坚团队的技术改造1%的沙地，就可以获得170万公顷优良农田。这个美好的设想有一个巨大的障碍，就是数据如何采集、存储和传输。“绿洲”里面，科学家和工程技术人员可以用大量传感器精确监控666.67公顷土地，获取包括温度、湿度、光照、风向风力、微生物群落、动植物群落等众多数据，但是在这个远离城市、远离通信畅通区域的沙漠，海量数据的存储和运算难题该如何解决？这时候一个人出现了，他就是大数据工程师刘灵丰。他专门为沙漠研究定制了专用的设备，我们可以把它看成是“大数据中心”的缩小版本。

借助刘灵丰研发的这种边缘大数据中心的存储和计算能力，数据采集范围扩大20倍以上，而数据的精细程度则可以增加2~3个数量级。乌兰布和试验基地的面积将继续增加，未来将超过3 333.33公顷，种植农作物超过30种。而数据专用设备将全天24小时不间断工作，处理来自这些土地源源不断的数字信息；并在存储和固定之后，与其他地方的数据进行交换共享，让数据服务于更多的农业和群体。所有大数据小数据，要想更好地为人类服务，就需要大量的数据分析师、数据提炼师，或者“数据清洗师”。当我们谈大数据的时候，可能都忽略了一个事实，那就是大数据之所以“大”，意味着它的价值密度低。大数据就像是低品位的矿产，只有持续提炼和煅烧，才可能找出最值钱的真金白银。这项繁杂而重要的辨别工作，如今已经形成了一个独特的新职业——数据分析师和数据清洗师。以长沙高新区的一批数据清洗师为例，他们每天都在“精挑细选”，对大量医疗行业的“染色体素材”进行数据化处理。这是一个名叫“人类染色体智能分析云平台”的项目。染色体广泛应用于医疗诊断领域。在传统的诊断过程中，医生需要对大量的染色体进行分离和判断。一般人都是23对染色体，分成46条。它们交织在一起组成“样本”时，需要逐个比对，即便是熟练的医生，也需要15~20分钟，才能完成一个样本。位于长沙的“中信湘雅生殖与遗传专科医院”，高峰时一个月要处理6 000多例染色体样本。可以想象工作有多么繁琐，精确率也难以把握。“自兴人工智能”公司研发了针对性的数据清洗项目。通过运用人工智能算法，对光学显微成像后的人类染色体图像进行自动去噪、增强、分割与识别，完成染色体疾病的智能检测，自动生成核型分析报告，实现染色体核型智能化分析。这是一个数据开放平台，包含数据标注、质检在内的多种工具，以及医生的标注行为和图像的共享等。为配合平台运转，当然也需要一个运转健康的数据中心。启动这个项目之后，每个样本的分析时间可以缩短至3~5分钟，显著提高效率。在这个过程中，需要让人工智能系统通过海量的案例去深度学习。而这个把现实素材转化成数据的过程就需要发挥“数据清洗师”的作用。他们的存在良好地注解了数据清洗师的职业形态：他们要能够根据业务要求，用程序实现数据筛选、分类、修正、加工，等等。这样的职业最少要求掌握计算机、数据分析、机器算法等技能。在自兴人工智能数据清洗师的电脑屏幕上，不停地显示着一个个样本的23对染色体。他们需要做的就是逐个比对，根据算法的需要进行区分。染色体异常的情况主要分为两类：一是数量上的异常；二是结构上的异常，如缺失、增加、易位、互换等。常人眼里看起来扭曲而模糊的染色体，在这些职业数据清洗师眼中，却能准确地找到带纹上的特征，最细微的差别只有几个像素。这个项目的数据清洗师每天要看成千上万张这样的样本图片。他们筛选完有效的素材之后，就交给下一道工序，把素材完全转化成数字存入数据库，以成为未来人工智能进行比对的“模板”。转换成数据之后，“数据清洗师”的工作就算圆满完成，此后就是“数据比对机器人”的事了。医疗系统的工作者们都希望能够早日用上这个系统，帮助省去繁杂、重复而未必精确的工作。或许，心明眼亮的你明白了“数据清洗师”的两重价值：一是他们通过计算机、人工智能的辅助，快速地发现有问题的“染色体”样本，筛选出没问题的样本；二是通过这一轮又一轮的计算机协助，同时把没有问题的样本和有问题的样本都数据化，给染色体数据库提供丰富的“库存”。这样，数据量增大之后，就有可能完全实现计算机、人工智能自动筛选，实现机器学习甚至是深度学习，不需要人工再协助筛选和“清洗”了。或许，长沙这批“数据清洗师”的工作暗示了在人工化与数据化之间，还有一个非常艰难的人类劳动成果数据化的过程。这个过程前期仍旧需要非常繁重的人工参与。比如要把书籍电子化，就需要扫描，也需要文字识别和校对。而这个过程，仍旧需要人力的大量参与和辅助。只有当基本上所有的书籍都扫描到了计算机数据库里，当所有的扫描文件被计算机识读的准确率达100%的时候，人类才可能放心地让“机器人”自己来管理和运营。

后记

Postscript

我有一个梦想，期望“国家机器人博物馆”早日建成

我这一生很幸运的是，早在30年前就接触到机器人。虽然参与研究机器人不是我的主要研究方向，但我与我国的机器人尤其是特种机器人研究、产业发展、市场应用的基本脉络同步。从总体上观察到我国机器人产业发展的基本状态，与国内诸多对机器人研究和产业化做出杰出贡献的专家成为同行，成为朋友，成为见证人，是我人生一大幸事。

2014年底我退休后，当时就有很多朋友给我建议，应当参与创办一个与特种机器人有关的服务平台，继续试着从“横向联结”方面为机器人和人工智能事业做点力所能及的事情。一块布，有经线有纬线，才能织成；一个木桶，纵向垂直的木板很重要，把木板箍在一起促进其紧密团结的那几道横向的钢索也非常重要。以前如果是经线，那么，今后就要试着做一做纬线；以前如果是木板，那么今后就可以试着做一做箍桶绳。一个

人只要愿意为社会做点什么，社会问题能够提供发力之机会。2015年以来，借着“中关村融智特种机器人产业联盟”和“机器人大讲堂”这两个新平台的建立，我成为这两个平台的“联合创始人”，借助平台之利，得到了深度观察和全情参与机器人产业，尤其是特种机器人产业发展的新角度和新机会。这几年，我明显感受到我国特种机器人产业发展非常迅猛。新的技术、新的企业、新的产品，甚至新的经营文化、新的运营思想，每天都在涌现。同时，也感受到了国际上同样迅猛发展的机器人研究和产业化浪潮对我们的助力和裹胁。有些助力是危机，有些裹胁是动力。无论是什么能量，我们都在努力将其转化为发展的新机遇。

长时间浸泡在这个行业，我们有一个特别鲜明的感受，就是所有的机器人都有一个特殊的发展历程，都具备一些特殊的能力，都特别强调其某一方面的明显优势。因此，我们有时候就会想，其实所有的机器人都是特种机器人；所有的特种机器人也必将成为普通常见的机器人。这个观点一直贯穿本书的始终。我们努力探索特种机器人特殊之外的普通，我们也努力提炼着工业、服务机器人的特别突出之处。除了关注机器人产业的发展，试图用自己的微薄之力继续发挥一点儿余热之外，我个人还是中国科普作家协会“科普宣讲团”的成员，经常随团到全国各地做机器人方面的科普讲座。同时，我个人还有两个小爱好：一是生态摄影，从野生动植物与生态保护角度，观察和思考人类与自然如何和谐发展；二是写短文并配图，时常在一些报纸杂志上发表，科普的冲动一直环绕在我的后半生。查阅资料、请教专家是我不断学习的源泉。

可能是受做科普工作的影响，我总觉得我们的国家、我们的社会需要尽快建设“国家机器人博物馆”。这是我的梦想，我相信这也是很多机器人产业专家们的共同梦想。北京的中国科技馆开设了专题的“机器人馆”，筹备几年之后最近开馆了。我曾经是他们专家组的成员，参与评审时我在考虑，“机器人馆”有没有可能独立出来，设立一个专门的机器人博物馆呢？有一个企业在陕西做了一个小型的机器人研学基地，很受当地孩子们的欢迎。2020年，有一家做娱乐的公司与我们“联盟”签订了战略合作协议。消息传出来后，有关心的朋友就问我怎么会和做娱乐文化的公司紧密合作呢？我当时回答说，我们要让机器人走向社会，走向公众，带动更多的人关注和参与，有一个非常好的办法就是科普，而科普的另一个解释就是“公众理解科学”。要让公众更好地、更快地、更愉悦地理解机器人科学原理及产业发展历程，我觉得最好的办法就是建立机器人博物馆，同时设计出公众喜闻乐见的展览模式。在科技馆的时候，我观察到一个非常普遍的现象，那就是只要可以让孩子们动手的，可以让他们参与的，可以让他们竞赛的，孩子们就会投入得非常专注，玩得非常开心，收获就会非常大。但假如一个展览只有墙上的文字和柜子里的展品，一副冷冰冰拒人于千里之外的样子，孩子们就会很失望、很伤心、很难过地快速离开，去寻找其他可能让他们参与的“游戏”。如果整个场馆都没有可以让他们参与的，他们只有一个办法，就是自己发明游戏。所有的孩子都喜欢动手动脑，都擅长随机发明游戏，都愿意让自己每一天过得很有意义。正是受了孩子们的启发，我在丰富自己这个“国家机器人博物馆”之梦时，除了希望全面展示我国机器人产业发展的历程、优秀专家、杰出企业、创新产品之外，还特别希望这个场馆的布置和设计能够让所有的人都像孩子们一样玩起来，从玩的过程中学习知识，真正做到有趣、有用。有些好朋友建议说，场馆在今天不难解决，投资也不难解决，立项问题也不难解决，社会的需求还有很大的空白点，现在需要的就是“剧本”，它像一部戏一样是导演和演员、投资人欣然入场参与的基础和前提。我个人在创作剧本方面的能力并不算太高，因此，我能做的就是一件比剧本更剧本的事，就是试着先全面收集一下我国机器人产业尤其是特种机器人产业目前的发展现状和成果，为有剧本创作能力的团队和人才提供一些铺垫和基石。

为此，我们想做两件事：一是编著出版这本《特种机器人之奥秘》；二是编辑《中国特种机器人产业发展年鉴》。在这两个“小基建”推进的过程中，我个人和“中关村融智特种机器人产业联盟”得到了除本书署名以外的非常多专家和朋友无私的支持和信任，让我们调研、采访、资料收集、稿件编撰等工作的开展相对比较顺利；我们的媒体专家首当其冲，对很多专家、企业家进行了认真细致的采访，使全书的内容更加丰富且具有一定深度；几位副主编各自参与编写修改了自己熟悉的内容；有些观点和信息的收集得到了很多素不相识的提供者无私的帮助。在此向所有给本书出版贡献力量的朋友们表示诚挚的谢意。上海科学技术出版社听说这个消息后，主动要求出版《特种机器人之奥秘》，我们更是感觉到非常的荣幸。在此对社领导的支持和张斌编辑的辛勤付出表示感谢！由于我们的编写水平有限，采访调研也不够彻底，搜集的材料未必完全跟得上时代的步伐，期待本书能够得到更多专家的批评和指正。

陈晓东

2022年6月